AF174636

Prácticas de celulosa y papel

Prácticas de celulosa y papel

Alberto García Iruela
Ignacio Bobadilla Maldonado
José Vicente López Álvarez

EDITORIAL

serie
INGENIERÍA
DE MONTES
AGROFORESTAL
Y AMBIENTAL

Consulte la página www.dextraeditorial.com

Diseño de cubierta: **Lettera63**

© Alberto García Iruela
Ignacio Bobadilla Maldonado
José Vicente López Álvarez

© Dextra Editorial S.L.
C/ Arroyo de Fontarrón, 271, 28030 Madrid
Teléfono: 91 773 37 10

Reservados todos los derechos. Está prohibido, bajo las sanciones penales y el resarcimiento civil previstos en las leyes, reproducir, registrar o trasmitir esta publicación, íntegra o parcialmente por cualquier sistema de recuparación y por cualquier medio, sea mecánico, electrónico, magnético, electroóptico, por fotocopia o por cualquier otro, sin la autorización expresa por escrito de Dextra Editorial S.L.

ISBN: 978-84-10026-21-6
Depósito legal: M-19633-2024

ÍNDICE

PRESENTACIÓN

El control de calidad desempeña un papel crucial en la industria de la pasta de celulosa y el papel debido a su importancia para garantizar la producción de productos de alta calidad y satisfacer las necesidades de los clientes.

La pasta de celulosa y el papel son materiales ampliamente utilizados en diversas aplicaciones que van desde el papel tissue, como pañuelos o papeles higiénicos, hasta periódicos y revista u otros productos de impresión, pasando por envases, embalajes y un largo etcétera.

Basta un simple vistazo a nuestro alrededor para darnos cuenta de la importancia que la celulosa y el papel tiene en nuestro día a día. Por lo tanto, mantener altos estándares de calidad es esencial para mantener la competitividad en el mercado.

El control de calidad en esta industria se lleva a cabo en todas las etapas del proceso de producción, desde la selección de las materias primas hasta el producto final.

En primer lugar, es importante controlar la calidad de la materia prima, la madera utilizada para producir la pasta de celulosa, asegurando que cumpla con los requisitos necesarios para obtener una pasta de alta calidad. En este sentido la industria controla la calidad desde el monte, asegurando las características óptimas de las especies utilizadas, hasta el parque de madera y astilla realizando pruebas para detectar la presencia de impurezas que puedan afectar la calidad del producto final.

Características como la densidad, el contenido de humedad, la morfología de la astilla o la presencia de corteza, son variables comunes en este control inicial. Durante el proceso de producción de la pasta de celulosa se llevan a cabo así mismo diversas pruebas y análisis para controlar la calidad. Esto incluye pruebas físicas y químicas para evaluar las propiedades de resistencia de las fibras, la consistencia, el contenido de humedad, el pH o el color, entre otros aspectos. Estas pruebas permiten identificar posibles desviaciones en las especificaciones y tomar medidas correctivas de manera oportuna, asegurando que el producto final cumpla con los estándares establecidos.

En segundo lugar, el control de calidad también se extiende al producto final, el papel. Se realizan pruebas para evaluar su calidad en términos de gramaje, espesor, resistencia, lisura, opacidad, blancura y otras características relevantes para los diferentes usos. Esto garantiza que el papel cumpla con los requisitos específicos de los clientes y que sea adecuado para su aplicación prevista.

Además de asegurar la calidad del producto, el control de calidad en la industria de la pasta de celulosa y el papel también tiene implicaciones ambientales. El uso de procesos y tecnologías adecuadas puede contribuir a minimizar el impacto ambiental de la producción, como la reducción de emisiones, el manejo adecuado de residuos y la optimización del consumo de recursos naturales.

En resumen, el control de calidad desempeña un papel fundamental en la industria de la pasta de celulosa y el papel. Garantiza la producción de productos de alta calidad y que cumplen con las expectativas de los clientes, contribuyendo además a la sostenibilidad ambiental. Mediante el control de calidad, se puede lograr una mejora continua en los procesos de producción y mantener la competitividad en el mercado global.

Este manual se estructura en 4 apartados diferenciados, en el primero se realiza la aproximación conceptual, las ideas que se desarrollan de forma más práctica en los siguientes capítulos. El segundo es una descripción detallada de los métodos de ensayo y los equipos utilizados en el laboratorio, en este capítulo la base fundamental será la normativa. Por último, los capítulos tres y cuatro describen en detalle las sesiones prácticas de cada asignatura.

Los autores.

1

CARACTERÍSTICAS BÁSICAS DE LAS PASTAS Y LOS PAPELES

1.1.- Fibra larga y corta. Pastas química y mecánica

La fibra larga y la fibra corta (Fig. 1) (también llamadas de madera blanda y dura respectivamente).[1] son dos tipos de fibras celulósicas que se utilizan en la fabricación de pasta y papel y que difieren en su longitud y propiedades físicas, lo que a su vez afecta, como es lógico, en las características del producto final. La pasta de fibra larga, como su nombre indica, se compone de fibras de mayor longitud, generalmente más de 2 mm (entre 3 y 4 mm es muy común). Estas fibras suelen provenir generalmente de árboles pertenecientes al grupo de las coníferas como el pino y el abeto. La fibra larga proporciona una mayor resistencia al papel, lo que lo hace ideal para aplicaciones que requieren durabilidad, como los embalajes. La mayor resistencia se debe fundamentalmente a la mayor formación de enlaces intermoleculares, dado que cada fibra, por su mayor longitud, interacciona con un mayor número de fibras vecinas, lo que resulta en una estructura más fuerte y una mayor cohesión del conjunto. Por su parte, la pasta de fibra corta se compone de fibras de menor longitud, generalmente inferiores a 2 mm (entre 1 y 1,8 mm es lo habitual). Estas provienen de árboles del grupo de las frondosas como el eucalipto, el chopo o el abedul, o de residuos de papel recuperado, ya que en el proceso de recuperación de la fibra reciclada esta tiende a romperse y disminuir por tanto su longitud. La fibra corta produce papeles con resistencias más bajas, pero una mayor opacidad (menos huecos interfibrilares) y por tanto una mejor calidad de impresión.

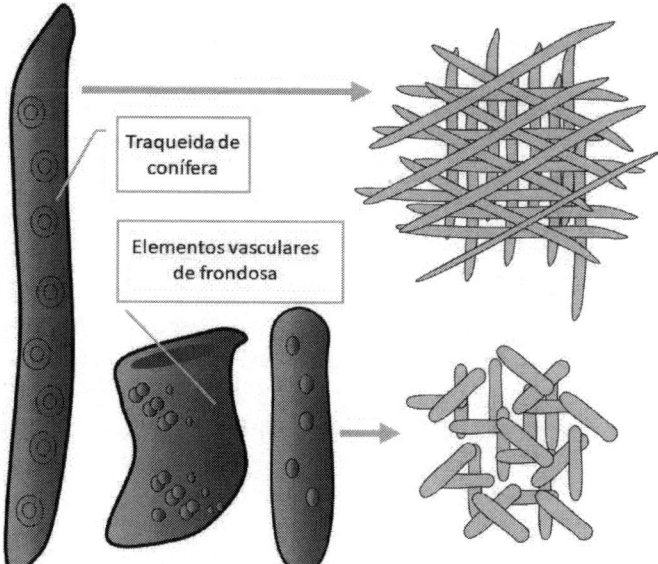

Figura 1.- Fibra larga y corta, estructura y uniones. En la parte izquierda de la figura se observa la diferencia de longitud media entre las fibras de las coníferas y los elementos vasculares de las frondosas. A la derecha la estructura de las uniones entre fibras. Nótese como a igualdad en el número de elementos, en el caso de las fibras largas (traqueidas de conífera) los puntos de contacto y enlaces son mucho más numerosos.

---

[1] Softwood y hardwood

En resumen, la fibra larga proporciona resistencia y durabilidad al papel, mientras que la fibra corta ofrece una mejor opacidad y capacidad de impresión. La elección entre estos dos tipos de fibras dependerá del uso previsto del papel y las características específicas que se deseen obtener en el producto final.

No hay que olvidar también las pastas celulósicas procedentes de herbáceas y paja (de trigo, arroz, maíz...), tales como tallos de lino (*Linum usitatissimum*), cáñamo (*Cannabis sativa*), kenaf (*Hibiscus cannabinus*) y yute (*Corchorus capsularis*), así como fibras procedentes de hojas de sisal (*Agave sisalana*) y abacá (*Musa textilis*), además de otras muchas especies como el lino, bambú o el bagazo de la caña de azúcar. Estas pastas se caracterizan por tener un bajo rendimiento productivo, pero sin embargo, dotan a los papeles de unas características de resistencia al plegado y dureza que las hacen muy adecuadas para papeles especiales (papel de fumar, papel biblia, papel moneda, bolsas de té, etc.).

Por su parte las pastas también pueden diferenciarse por el método de producción. La pasta química y la pasta mecánica son dos tipos de pastas utilizadas en la fabricación de papel que difieren en su proceso de producción y en las características resultantes del papel. La pasta química se obtiene mediante la descomposición de la madera, concretamente la despolimerización de la lignina, que es el elemento de unión entre fibras. Este proceso implica el uso de productos químicos como álcalis y blanqueadores para separar la celulosa de la lignina y aclarar el color del producto final. La pasta química produce un papel de alta calidad con características superiores en términos de resistencia, durabilidad y blancura. Debido al tratamiento químico, se eliminan las sustancias de impregnación y la lignina, lo que resulta en un papel más limpio y de mayor calidad, pero con un rendimiento muy inferior (debido a la pérdida de componentes de la pared celular). Por su parte, la pasta mecánica se produce mediante algo similar a una molienda mecánica de la madera. Este proceso utiliza la energía mecánica y calorífica para separar las fibras de celulosa sin una descomposición química previa. La pasta mecánica resulta actualmente más cara de producir por el alto consumo energético que precisa aunque el rendimiento de producción es mucho más alto, sin embargo, el papel fabricado con ella tiende a tener propiedades mecánicas inferiores en comparación con el papel hecho con pasta química, es más áspero, menos resistente y más propenso a amarillear con el tiempo, aunque funciona mejor en los procesos de impresión.

En resumen, la pasta química produce papel de alta calidad, resistente y duradero, mientras que la pasta mecánica produce un papel más caro, y con características mecánicas y de durabilidad inferiores, aunque con mejor comportamiento en los procesos de impresión. La elección entre estos dos tipos de pasta dependerá del uso previsto del papel y las necesidades específicas en términos de calidad, durabilidad y rentabilidad.

1.2.- Dirección de Fabricación del papel

El papel, como la materia prima de la que procede, es un material con una gran anisotropía. Debido a la estructura y colocación de las fibras en él, hay que diferenciar dos direcciones principales, la longitudinal o **dirección de fibra** o máquina (sentido marcha), y la transversal o **contra-fibra**, que corresponde al ancho de la máquina de papel. Esto es debido a que la distribución de las fibras en el papel no se produce al azar, sino que existe una clara tendencia a la orientación en el sentido de fabricación o de marcha de la máquina.

El conocimiento de ambas direcciones es muy importante, ya que la orientación de la fibra va a determinar muchas de las propiedades mecánicas del papel como la resistencia a la tracción, desgarro y plegado, además va a influir sensiblemente en procesos como la impresión, engomado o encuadernación.

La norma UNE 57043 establece diferentes metodologías para la diferenciación de las direcciones principales del papel, de todas ellas la más sencilla y económica es la inspección visual con una lupa de aumento, en que se puede observar la orientación de la fibra. Otra opción es la prueba o ensayo de rigidez (Fig. 2), en el que usaremos 2 probetas de 250 x 15 mm cortadas en las dos direcciones principales del papel. Situamos las dos probetas juntas y paralelas en posición horizontal dejando caer uno de los extremos y manteniendo el otro horizontal, probando primero por un lado y luego, por el contrario, cuando una de las dos probetas se separe de la otra, la que quede por debajo estará mostrando una menor rigidez, esa es la dirección contra-fibra.

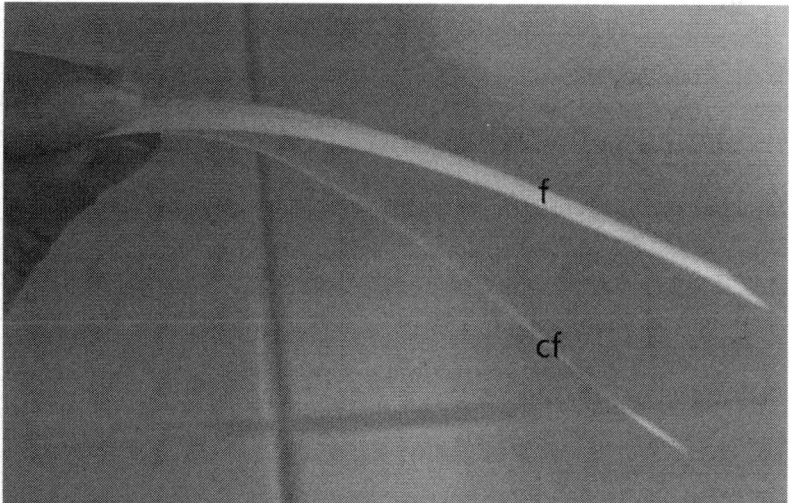

Figura 2.- Fotografía del método de ensayo de rigidez. La probeta inferior, menos rígida, es la que está en la dirección de contra fibra (cf), la superior en dirección fibra (f).

Otra posibilidad sencilla y no destructiva recogida en la misma norma UNE 57043 es la comparación de las velocidades de propagación de ondas de ultrasonido en el papel, ya que esta será mayor en la dirección fibra, dado que es más rígida. El inconveniente es que requiere el uso de equipos de medición de propagación de ondas, que son caros.

1.3.- Gramaje del papel

Para conocer el peso del papel se utiliza el gramaje, que es el peso en gramos de celulosa de un metro cuadrado. Las unidades por tanto serán g/m^2. El gramaje da una idea de la cantidad de fibra por unidad de superficie que tiene un papel, por tanto, estará estrechamente relacionado con otras muchas propiedades de éste, como la resistencia, porosidad, espesor, etc.

El gramaje se determina según la metodología de la norma UNE EN ISO 536, las probetas de entre 50000 y 100000 mm^2 (una hoja A4 entera sirve) para la medición del gramaje deberán estar acondicionadas conforme a la norma UNE EN 20187 a una temperatura de 23±1ºC y una humedad relativa de 50±2 %. Se calcula su superficie en metros cuadrados mediante el producto de la longitud por la anchura medidos con precisión de 0,5 mm. Se calcula la masa de la probeta en una balanza con una precisión de 0,5% de la masa medida. Se procurará evitar tocar el papel con las manos desnudas para evitar transmitir humedad al mismo. El gramaje será el resultado de dividir la masa en gramos entre la superficie en metros cuadrados. Las tolerancias admitidas en el gramaje están recogidas en la norma UNE 57009.

1.4.- Espesor del papel

El espesor es la dimensión del papel en la dirección Z, es decir, en la dirección perpendicular al plano de éste. Dependerá de la composición fibrosa, del gramaje y de los tratamientos realizados a la fibra y al papel como refino y calandrado. A igualdad de gramaje y de todos los factores de composición de fibra, el espesor se verá afectado por el refino, siendo el papel más denso y con menos espacios interfibrilares y por tanto menos grueso, cuanto mayor es el grado de refino.

Para que los procesos de impresión y encuadernación posteriores sean buenos, el papel ha de ser uniforme, y por tanto las variaciones del espesor han de ser pequeñas. Las exigencias en la uniformidad del espesor dependerán como es lógico de la calidad deseada y del uso del papel. En general los papeles estucados y calandrados son los que presentan una mayor regularidad de gramaje y espesor.

El procedimiento para el cálculo del espesor queda recogido en la norma UNE EN ISO 534. Las probetas de dimensiones mínimas de 60x60 mm deberán acondicionarse previamente tal y como se indica en la norma UNE EN 20187 a una temperatura de 23±1ºC y una humedad relativa de 50±2 %. La medición del espesor se realiza con un micrómetro especial denominado de peso muerto, que tenga dos contactos circulares que ejercen una presión de 100±10 KPa entre los que se sitúa el papel a medir. La precisión del equipo ha de ser inferior a 0,5% de la lectura. Se puede calcular el espesor de una hoja individual, o de un paquete de hojas, en cuyo caso se preparan probetas agrupadas con 10 hojas por probeta. Se pueden utilizar hojas completas para la medición siempre que el tamaño no interfiera en la medida, en este caso se pueden realizar varias medidas en cada hoja, siempre a una distancia de al menos 40 mm del borde y repartidas por la probeta de forma que cubran la superficie de medida.

1.5.- Lisura, dureza y porosidad del papel

1.5.1.- Lisura

Se entiende por lisura o rugosidad el grado de satinado de la superficie de un papel, es decir, lo lisa o rugosa que se presenta su superficie.

La rugosidad siguiendo el método Bendtsen de la Norma UNE-ISO 8791-2 es la medida del promedio del caudal de aire que pasa entre un anillo circular plano y una hoja de papel o cartón cuando se mide bajo condiciones especificadas y a la presión de trabajo. La rugosidad Bendtsen se expresa en mililitros por minuto (ml/min). Para la medición de este parámetro existen varios métodos y varios aparatos.

La lisura es una propiedad que influye tanto en la apariencia como en la funcionalidad del papel. Desde el punto de vista de la impresión del papel, se refiere a la perfección de la superficie de un papel y al grado en que su uniformidad se asemeja a la superficie de un vidrio plano. Se dice que el papel tiene una textura lisa o rugosa, significando que las irregularidades de su superficie son pequeñas o grandes. En la industria del papel, con frecuencia se denomina acabado o satinado a la calidad de la superficie del papel o lisura.

Las fibras cortas producen un papel más liso que las fibras largas. La preparación de la pasta y la forma en que se distribuyen las fibras al formarse el papel en la tela de la máquina, tienen gran influencia en la formación y la lisura. Una formación poco uniforme, reduce la lisura, también se reduce al aumentar el peso base. Otros factores que controlan la lisura del papel son el grado de prensado húmedo, el uso de prensa de lisura, el tipo de fieltros de la máquina de papel, la cantidad de carga y el grado de calandrado. La aplicación de recubrimientos y el supercalandrado aumenta considerablemente la lisura del papel.

Conviene tener en cuenta que son diferentes las dos caras del papel debido a que su composición es diferente y también lo será la lisura de una y otra cara y en consecuencia la impresión que se puede lograr.

Esta diferencia de las dos caras del papel, se debe a una diferencia en su composición a través del espesor del papel cuando se ha fabricado en máquinas tradicionales fourdrinier o de cilindros, en las que la cara del papel que queda en contacto con la tela de formación de la máquina, denominada "cara tela", pierde finos y cargas durante la formación de la hoja, teniendo una menor concentración de los mencionados finos y cargas, que el resto de la hoja, siendo su contenido más alto en la superficie opuesta del papel, llamada "cara fieltro".

De acuerdo con lo anterior, podemos comprender que la cara fieltro será más lisa que la cara tela, en el que existen pequeños huecos dejados por los finos y las cargas que fueron arrastrados por el agua durante la formación de la hoja de papel en la máquina.

Esta diferencia de la superficie de las dos caras del papel desaparece o cuanto menos disminuye mucho con las máquinas de doble tela.

Factores que afectan a la lisura

A medida que se refina una pasta, la lisura aumenta en el papel.

- Pastas de fibra corta, en general, proporcionan papeles más lisos.
- Pastas al bisulfito y kraft dan papeles lisos, las pastas mecánicas más rugosos.
- El traqueo de la mesa de formación también aumenta la lisura del papel.
- El tipo de tela y filtros en la mesa de fabricación, también pueden hacer aumentar o disminuir la lisura.
- El prensado en seco y el calandrado, aumentan la lisura. Sin embargo, es mejor ganar la lisura en la propia fabricación. Alisar con calandria hace que aparezcan durezas en el papel y empeore su estabilidad dimensional.
- Las cargas aumentan la lisura, ya que rellenan las irregularidades de la superficie

Existen diversas formas de medir la lisura o rugosidad de un papel, algunas de ellas son:

- Por microscopio óptico equipado con ajuste micrométrico. Se hace la lectura en un punto, se mueve el visor un poco y se vuelve a medir, obteniendo así un mapa preciso de la superficie del papel. Este método sólo se aplica en trabajos de investigación muy precisos.

- Analizador de superficies. Se obtiene un perfil gráfico de la superficie del papel, a través de agujas detectoras. Es un procedimiento caro y lento, también empleado en investigación.
- Aspereza (ensayo del Forest Product Laboratory), basado en el principio del analizador anterior, pero con aguja de punta plana, la cual va haciendo un barrido superficial casi sin tocar el papel. Es un proceso lento.
- Analizador Brush de superficies (Brush Electronic Co). Amplifica y registra el contorno del papel y mide la variación promedio de las zonas altas y bajas de la superficie. Es un aparato muy caro y sus precisiones no son necesarias para la fabricación.
- Otros procedimientos: a) evaluación fotográfica; b) microscopio de corte óptico; c) Métodos de cobertura o de transferencia de tintas o aceites (IGT); d) Medidas con flujo de aire.

Los más utilizados en laboratorios de fábricas y de investigación, son los de fuga de aire, ya que están normalizados. Estos ensayos toman el nombre del aparato o fabricante con el que se mide la lisura:

- Bekk
- Gurley
- Willians
- Sheffield
- Bendtsen

1.5.2.- Dureza

La dureza se puede definir como la mayor o menor resistencia que un papel presenta a que una determinada superficie se hunda en él bajo una carga determinada.

Es la propiedad del papel que hace que pueda resistir marcas ocasionadas por otro material. Esta propiedad está muy relacionada, entre otras, con el grado de deslignificación de la pasta de origen. Así, una pasta al bisulfito, que es una pasta muy suave, dará papeles blandos, mientras que una pasta mecánica dará papeles muy duros. Esta propiedad, está muy relacionada con otras tales como rigidez, mano, compresibilidad y lisura. También afecta a la dureza la superficie en contacto con la tela de la máquina. La cara tela siempre es más dura que la cara fieltro, debido a la acumulación de material denso en esa cara o bien, en las de doble tela, la cara en contacto con las cajas aspirantes de extracción del agua.

- A mayor mano, menor dureza
- A mayor rigidez, mayor dureza
- A mayor lisura, mayor dureza
- A mayor compresibilidad, mayor dureza

1.5.3.- Porosidad

El papel es un material altamente poroso, como se puede ver por su peso específico bajo (0,5 a 0,8 g/cm³), comparado con el de la celulosa (1,5 g/cm3), su principal componente. La **porosidad** se puede definir como la relación entre el volumen del espacio ocupado por aire en un papel y su volumen total. Es decir, es la relación entre el volumen total de poros (o falsos poros) y el volumen total del papel. Dicho de otra manera, es la cantidad de aire que contiene un papel, aunque se suele asociar al concepto de la permeabilidad al aire que presenta. El volumen total de poros puede calcularse de la forma siguiente:

V.l=100-(1-(Peso específico del papel/Peso específico de la celulosa))%

El contenido de aire, en papeles comunes suele ser del 50% y puede llegar hasta un 70%. Este aire se encuentra en el papel, en 3 formas: 1) poros reales que son aberturas que atraviesan la hoja, 2) cavidades, falsos poros o poros superficiales que sólo están conectados con una de sus superficies y 3) oquedades o huecos que contienen aire en el interior de la hoja. Existen estudios en los que se ha determinado que el volumen de poros reales en un papel común es solamente de un 1.6% del total del volumen de aire que contiene, correspondiendo el resto a los poros superficiales, que no atraviesan la hoja y a huecos en su interior. Esto explica que un papel resistente a las grasas, aun conteniendo un 40-45% de aire, cumpla con su función de barrera a las grasas, porque no contienen prácticamente poros verdaderos. La porosidad depende de la forma y disposición de las fibras. Las fibrillas y los finos ocupan los espacios vacíos y reducen la porosidad.

En el lenguaje papelero, se emplea la palabra porosidad, como sinónimo de permeabilidad al aire. Esta es una expresión indirecta de la porosidad. La porosidad es una propiedad muy importante, sin embargo, se le determina al papel muy pocas veces y sólo en estudios de laboratorio. La que, si se acostumbra a determinar, es la permeabilidad al aire que, a pesar de no ser una medida de la porosidad, está relacionada con ella.

La **permeabilidad al aire** se define como la capacidad del papel para permitir que un flujo de aire bajo presión lo atraviese. Es una propiedad relacionada con la estructura del papel que depende del número, tamaño, forma y distribución de los poros en una hoja.

Conviene tener presente que la permeabilidad al aire no es una medida de la porosidad y no existe una relación constante entre ellas, lo que significa que dos papeles con la misma porosidad pueden tener diferentes valores de permeabilidad al aire, cuando uno de ellos contiene muchos poros pequeños y el otro menos poro, pero grandes. En la práctica con frecuencia se mide la inversa de la permeabilidad al aire, que es la resistencia del papel al paso del aire, sin embargo, en los dos casos se le denomina "porosidad".

La porosidad de un papel depende de su composición y de su estructura, por lo tanto, depende tanto de los materiales empleados como de la forma en que ha sido fabricado. Entre las operaciones que influyen especialmente se encuentran: el grado de refino, encolado, prensado y calandrado. Es evidente que un papel al ser recubierto reducirá considerablemente su porosidad, debido a que el recubrimiento de la superficie tapa los poros y a que sufre una compresión alta.

La resistencia al aire del papel aumenta notablemente o lo que es lo mismo, la porosidad de un papel disminuye notablemente a medida que aumenta la proporción de fibras por unidad de volumen, es decir, a medida que aumenta la densidad del papel. Pequeñas cantidades de cargas disminuyen la resistencia al aire (aumentan la porosidad), probablemente debido a un debilitamiento de los enlaces interfibrilares, mientras que grandes cantidades de cargas aumentan la resistencia al aire, ya que obstruyen los poros.

En la fabricación de papel, las medidas de resistencia al aire se utilizan normalmente como control de fabricación, debido a la correlación indirecta que existe entre porosidad, formación y resistencia del papel. Así, a medida que aumenta la densidad de un papel (sea por un mayor refino o por otra causa), aumenta la resistencia a la tracción y disminuye la porosidad.

Relación de la porosidad con otras propiedades del papel:

- A mayor densidad (menor mano), menor índice de porosidad.
- A mayor peso de cargas, menor porosidad
- A mayor porosidad, disminuyen las resistencias mecánicas en general.

Importancia de la porosidad en distintos tipos de papeles:

- En los papeles de impresión y escritura ya que influye sobre la absorción de tintas.
- En los papeles para cigarrillos la porosidad del papel controla la velocidad de ignición del tabaco, junto al carbonato cálcico.
- En papeles base para recubrir, en los que afecta en la absorción del adhesivo
- En los soportes para estucar, ya que influye sobre la absorción del adhesivo por el soporte.
- En los papeles kraft para sacos de cementos, en los que es necesaria una cierta porosidad, para evitar que el saco estalle durante su llenado.
- En papel para etiquetas que serán manejadas por medio de succión, en las que, si es excesiva la porosidad, la máquina tomará más de una etiqueta a la vez.
- Muy importante para los papeles absorbentes, higiénicos, sanitarios, de filtro, secantes y en papeles resistentes a las grasas y aceites.

1.6.- Características mecánicas del papel

Dentro del apartado de características mecánicas se incluyen determinadas propiedades del papel que, de alguna forma, dan una idea de la resistencia de éste. La resistencia es muy importante, porque el papel, muy a menudo, se utiliza en condiciones en las que ha de soportar una cierta tensión.

Hablar de la resistencia del papel, es algo que no significa realmente nada, excepto si se indica el uso a que ha de ser destinado dicho papel. No parece lógico hablar de resistencia del papel sin una definición cuidadosa previa. Por ejemplo, es falso decir, sin más, que el papel es más débil en el sentido transversal que en el longitudinal, sólo porque la resistencia a la tracción es superior en el sentido longitudinal. Sin ir más lejos, la resistencia al desgarro es superior en el sentido transversal del papel. Lo que debemos tener siempre claro son las propiedades exigibles a un determinado papel, en función de su uso.

Con relación a los papeles de impresión, puede decirse que las características mecánicas tienen una importancia secundaria, sobre todo si se las compara con las que influyen sobre la aptitud a la impresión. No obstante, debe tenerse en cuenta que el comportamiento del papel en la máquina de impresión, o "runnability", depende en gran parte de la resistencia, por lo que ésta deberá presentar un valor suficiente, compatible con un buen comportamiento en máquina, también llamado maquinabilidad.

1.6.1.- Resistencia a la tracción. Alargamiento y módulo de elasticidad

La **resistencia a la tracción** es una medida de la resistencia del papel sometido a un esfuerzo directo de tracción. Se define como la fuerza necesaria para romper una tira de papel de una longitud especificada y de una anchura de 15 mm, a dicha fuerza la denominaremos "carga de rotura". La norma UNE EN ISO 1924 especifica la manera de proceder a la determinación de la resistencia a la tracción.

La resistencia a la tracción, en la forma en que se mide en la industria papelera, no es una verdadera resistencia a la tracción, puesto que lo que se mide en el ensayo es la carga de rotura por unidad de anchura y no por unidad de superficie. Sería más apropiado utilizar el término "resistencia a la rotura", pero el de resistencia a la tracción se ha extendido de tal forma que se encuentra completamente generalizado en la industria papelera. Para muchos fines, la carga de rotura es suficientemente indicativa de la calidad del papel, sobre todo cuando el papel se utiliza como tal, sea en pliegos o en bobinas. La resistencia a la tracción de un papel es siempre mayor en el sentido longitudinal que en el transversal, debido a la mejor orientación de las fibras en la dirección de marcha.

Como ya se vio al hablar del refino, el factor más importante que determina la resistencia a la tracción de un papel es el número de enlaces interfibrilares establecidos entre moléculas vecinas, que pueden pertenecer a la misma o distintas fibras. Es decir, al aumentar el refino se favorece la creación de nuevos enlaces y, por tanto, aumenta la resistencia a la tracción del papel. Si el refino es excesivo se produce un ligero descenso en la resistencia a la tracción, debido a la destrucción de la estructura de las fibras.

Se ha creído durante mucho tiempo que la longitud de fibra tenía una gran importancia sobre la resistencia a la tracción. A ello ha contribuido la mayor resistencia de los papeles fabricados con fibra larga, en relación con los fabricados con fibra corta. La incidencia de la longitud de fibra, sin embargo, es limitada.

Las fibras largas, por su especial estructura, lo que si proporcionan es la posibilidad de crear mayores superficies en contacto después del refino. En efecto, sus paredes son delgadas en comparación con las de las fibras cortas de frondosas y, por tanto, sufren mejor el fenómeno de "aplastamiento". Se obtienen así fibras en forma de cintas, que se adaptan muy bien con otras, creándose numerosas zonas de contacto y, por tanto, estableciéndose numerosos enlaces interfibrilares. Las fibras de frondosa, de paredes en general más gruesas, adquieren con más dificultad ese estado final y, por tanto, las zonas en contacto íntimo son menos frecuentes.

La resistencia a la tracción, independientemente de su importancia indudable en los papeles destinados a la fabricación de embalajes y usos industriales, es importante en la impresión de periódico y en cualquier proceso de impresión que emplee bobinas de papel, donde el número de roturas producidas debe ser mínimo.

Alargamiento

El alargamiento mide la distorsión que sufre el papel sometido a un esfuerzo de tracción. Se mide normalmente en la misma máquina de ensayos utilizada para determinar la carga de rotura. En realidad, lo que se mide en este ensayo es el alargamiento que sufre la probeta de papel hasta el momento de la rotura. Se expresa en tanto por ciento y, si la distancia entre las mordazas de la máquina es de 100 mm, distancia habitual fijada por la norma UNE EN ISO 1924, la lectura en mm daría directamente el tanto por ciento de alargamiento. Si la distancia entre mordazas es diferente habría que hacer el correspondiente cálculo para expresar el alargamiento en tanto por ciento.

El alargamiento, en la forma que se mide en la industria papelera, no puede considerarse como una medida real de la deformación del papel, puesto que lo que se mide es el alargamiento del papel hasta el momento en que se produce la rotura. En la medida obtenida están incluidos los componentes elástico y plástico del papel. Las deformaciones de los cuerpos elásticos son independientes de la duración del esfuerzo, y aquéllos vuelven a su estado primitivo al cesar el esfuerzo. En los cuerpos plásticos subsisten las deformaciones al cesar el esfuerzo que las originó. En el papel, no existe proporcionalidad entre tensión y deformación, obteniéndose, en un ensayo de tensión-deformación, curvas de histéresis similares a la de la Figura 3.

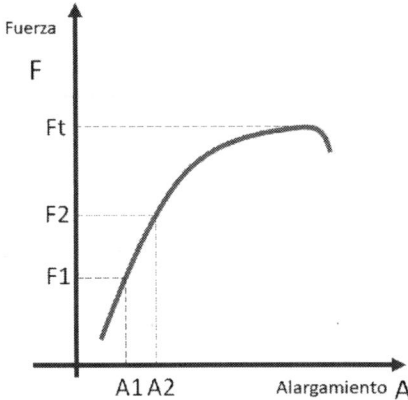

Figura 3.- Gráfica de tensión-deformación tipo de un ensayo de tracción del papel. En el eje X se recoge el alargamiento de la probeta "A" y en el Y la fuerza ejercida "F". Se puede observar que existe una parte recta (zona elástica) y una curva (zona plástica) justo antes de producirse la rotura o fallo en el punto de fuerza máxima o carga de rotura Ft.

Esto indica que en el papel no existe una zona de verdadera elasticidad y puesto que en el ensayo de tracción se ejerce un esfuerzo creciente hasta que se rompe la probeta, en el dato suministrado por la máquina de ensayos para el alargamiento, se incluyen, tanto el componente elástico, como el plástico del papel.

El alargamiento es mayor en el sentido transversal del papel que en el longitudinal, debido, precisamente a la mayor orientación de fibras en el sentido longitudinal del papel, que hacen que el papel, al secarse bajo una tensión, en un determinado sentido (en el longitudinal, en este caso), pierda una parte de su componente plástico, que permanece intacta, sin embargo, en el sentido transversal, en el que no se ha ejercido tracción alguna o, en todo caso, muy pequeña.

Módulo de elasticidad

Según la norma UNE EN ISO 1924, otro parámetro importante que podemos obtener en la máquina de ensayos dentro de las propiedades de tracción es el módulo de elasticidad. Este queda definido como la relación que existe entre las fuerzas de tensión ejercidas y la deformación de la probeta. Para obtener el valor del módulo será necesario obtener durante el desarrollo del ensayo, la curva de tensión / deformación, y en ella calcular la pendiente máxima, que corresponderá a la de la zona elástica del papel. Si nos fijamos en la Figura 3, observamos que esa zona de máxima pendiente esta entre los valores de Fuerza F1 y F2 cuyas deformaciones o alargamientos corresponden a A1 y A2 respectivamente. La ecuación para el cálculo del módulo de elasticidad en tracción quedaría:

$$Et = \frac{(F2 - F1) * l}{(A2 - A1) * b * t}$$

Donde Et es el módulo de elasticidad en tracción, l la longitud de ensayo (generalmente 100 mm), b la anchura de la probeta (generalmente 15 mm) y t el espesor de la probeta, F1 y F2 los valores de Fuerza de la zona de máxima pendiente y A1 y A2 los alargamientos correspondientes a esas fuerzas.

1.6.2.- Resistencia al estallido o reventamiento

Se define la resistencia al estallido o reventamiento como la presión límite que, aplicada perpendicularmente a su superficie, soporta una probeta de papel. Dicho de otra manera, la resistencia al estallido es la presión máxima desarrollada por un sistema hidráulico que fuerza un diafragma elástico (una burbuja de goma) a través de un área circular del papel cuando se aplica una presión determinada.

En síntesis, la probeta de papel queda sujeta por una mordaza circular, sobre una base, en la que hay un diagrama de goma sobre el que se aplica una presión hidráulica que se transmite al papel. Este se abomba hasta que las tensiones internas le hacen reventar. Se trata de un índice de utilidad especial en papeles para sacos y otros equivalentes.

Con el fin de poder comparar distintos papeles se emplea el índice de estallido del papel, resultado de dividir la resistencia al estallido del papel, en kilopascales, dividida por el gramaje, en gramos por metros cuadrados.

La resistencia al estallido sigue una tónica muy similar a la resistencia a la tracción, existiendo una buena correlación lineal entre ambas en la mayor parte de los papeles.

1.6.3.- Resistencia al desgarro

Por definición, es la energía requerida para continuar el desgarro iniciado en una hoja de papel, en condiciones perfectamente especificadas, recogidas en la norma UNE EN ISO 1974. El trabajo necesario para efectuar el desgarro se medirá mediante la perdida de energía del péndulo situado en el equipo denominado "péndulo Elmendorf" (Fig. 4), y que consta de un bastidor macizo y rígido con sistema de nivel y un péndulo con forma de arco de círculo que gira libremente sobre un eje horizontal de baja fricción. Un pestillo de sujeción fija el péndulo en su posición más alta y lo deja caer en el momento del desgarro. Unas mordazas sujetan la probeta de papel durante el desgarro, una fija unida al bastidor y otra móvil unida al péndulo. Una cuchilla realiza un pequeño corte inicial por el que evolucionará el desgarro cuando el péndulo quede libre y arrastre la mitad de la probeta unida a su mordaza. Finalizado el ensayo, un registro mide la altura alcanzada por el péndulo y da el resultado del ensayo en una escala.

Figura 4.- Péndulo de desgarro en su posición inicial de ensayo. Las mordazas sostienen la probeta formada por 4 hojas.

El factor o índice de desgarro viene dado por la fórmula:

$$ID = 100 * \frac{Rd}{G}$$

Donde ID es el índice de desgarro, Rd es la resistencia al desgarro medida en la escala del equipo y G el gramaje en g/m^2.

Aunque algunas pastas muestran un ligero aumento de la resistencia al desgarro en las primeras etapas del refino, esta característica sufre un considerable deterioro a medida que progresa el mismo. Hay una evidencia considerable y probablemente la más importante, de que la disminución de la resistencia al desgarro se debe a la disminución de la longitud media de fibra a medida que progresa el refino. Debido a su menor longitud media de fibra, los papeles fabricados con pastas de frondosas o de esparto, presentan una resistencia al desgarro inferior a la de los papeles fabricados con pastas de coníferas. Los papeles fabricados con fibras de algodón o lino, en virtud de su considerable longitud de fibra, proporcionan papeles con resistencia al desgarro particularmente elevada.

Cuando se aplica un esfuerzo de desgarro sobre una probeta de papel, se separan las fibras, deslizándose unas sobre otras, hasta que la separación es completa. El trabajo necesario para conseguir esta separación aumentará con la longitud de fibra, ya que el esfuerzo de fricción interfibrilar será mayor. El esfuerzo que se requiere para la separación de las fibras será indudablemente mayor cuanta más longitud tengan las fibras, por lo que el acortamiento de las fibras, producido durante el refino, influirá negativamente sobre esta característica.

En relación con la dirección de la fibra en el papel, mientras la resistencia a la tracción es mayor en la dirección longitudinal, la resistencia al desgarro es mayor en la dirección transversal, ya que el esfuerzo para separar las fibras es mayor en esta dirección.

Por otro lado, en relación con la humedad, dado que un aumento de la humedad del papel hace disminuir el número de enlaces interfibrilares, las resistencias a la tracción y al estallido disminuirán, sin embargo, la resistencia al desgarro aumenta ligeramente ya que depende en menor medida de esos enlaces.

1.6.4.- Resistencia al plegado

El ensayo de plegado pone a prueba la resistencia a la fatiga del papel cuando se dobla repetidas veces en direcciones contrarias, el resultado se puede medir directamente como el número de ciclos o dobles pliegues que soporta una probeta de 15 mm de anchura y 105 mm de longitud hasta su rotura, en un dispositivo normalizado. Actualmente, y de acuerdo con la normalización internacional ISO (International Standars Organization), tal y como aparece recogido en la norma UNE 57-054, la resistencia al plegado se define como el logaritmo decimal del número de dobles pliegues requeridos para originar la rotura.

El ensayo de plegado pone por tanto de manifiesto la fragilidad del papel respecto a esos esfuerzos de fatiga y es especialmente interesante en papeles de embalaje, para edición, folletos publicitarios, mapas, etc., es decir, ejemplos en que se van a producir plegados repetidos de forma habitual. El envejecimiento del papel tiene además una influencia muy importante sobre esta característica.

En el ensayo, la probeta de papel se pliega, primero en un sentido y luego en otro. Esta oscilación completa o ciclo se define como doble pliegue y el número de ciclos o dobles pliegues que soporta una probeta es la medida que proporciona el aparato de ensayo.

La resistencia al plegado aumenta con el refino, pero si éste se prolonga excesivamente, comienza a disminuir.

El ensayo de resistencia al plegado es, en cierto modo, una variación de la resistencia a la tracción, pero los resultados dependen enormemente de la flexibilidad de las fibras que componen el papel. Las fibras no se rompen en el ensayo, pero hay un debilitamiento general de las uniones interfibrilares, que reduce la resistencia a la tracción. Los primeros pliegues no afectan a la resistencia a la tracción, probablemente porque las fibras compensan este esfuerzo que se ejerce sobre ellas con su propia capacidad de alargamiento, pero después de un determinado número de pliegues, la resistencia a la tracción cae rápidamente. De hecho, la resistencia al plegado, así como la resistencia a la tracción, aumentan de forma muy similar con el refino, pero aquélla empieza a descender antes que ésta, a medida que progresa el refino, debido a que el papel se hace más quebradizo.

Algunos autores recomiendan completar el ensayo de plegado con la determinación de la resistencia a la tracción, después de haber sometido la probeta a un número determinado de pliegues, dependientes de la clase de papel. El resultado parece estar más en consonancia con los esfuerzos a que en la práctica está sometido el papel.

En cuanto a la influencia del gramaje en la resistencia al plegado, esta aumenta de forma proporcional hasta un cierto valor óptimo (que depende del tipo de fibra utilizada), a partir del cual, aunque aumente el gramaje disminuye la resistencia al plegado.

El ensayo de resistencia al plegado da una buena indicación acerca de la estructura del papel. Una resistencia al plegado baja puede indicar una longitud de fibra corta, un inadecuado grado de unión interfibrilar o un papel excesivamente quebradizo, probablemente, se deba a un refino escaso o a una formación defectuosa o a una mezcla de los dos problemas. También un excesivo encolado superficial puede volver el papel más quebradizo y reducir su resistencia al plegado.

1.6.5.- Resistencia a la flexión - Rigidez

La resistencia a la flexión (S) es el momento de la resistencia por unidad de anchura que ofrece un papel o cartón a la flexión en la zona de deformación elástica. Puede definirse matemáticamente mediante la fórmula:

$S= E*I/b$

Donde:

- E es el módulo de elasticidad, es decir el módulo de Young.
- I es el segundo momento de área (momento de inercia) del área de la sección transversal, alrededor de un eje que pasa por el centro de esa área, en su plano, y perpendicular a la dirección de flexión.
- b es la anchura de la probeta.

La rigidez que posee un papel se debe fundamentalmente a la cantidad de lignina que hay en su composición, por lo que los papeles con gran proporción de pasta mecánica serán más rígidos que los que tengan una proporción baja. Ese es el caso del papel de prensa. Por otra parte, las cargas, colas y aditivos en general suelen aumentar la rigidez de un papel.

Para algunos tipos de papeles como el papel de prensa o el papel de carnés conviene un papel rígido, y en cambio hay otros tipos, como el papel tissue de usos sanitarios, en los que la rigidez debe ser mínima.

Para medir la rigidez de un papel existen dos métodos, el método de flexión y el método de resonancia. El primero consiste en doblar una probeta y ver qué fuerza se necesita para ello, y el segundo se basa en el conocimiento de la longitud propia de la resonancia al vibrar con una cierta frecuencia.

1.7.- Características ópticas del papel

Las principales propiedades ópticas del papel, que son de carácter superficial, son:
- Brillo
- Blancura
- Opacidad
- Color

De entre éstas, la opacidad y la blancura serán de uso corriente en un laboratorio de investigación y en un gran número de tipos de papeles. Las determinaciones del color no han tenido una difusión demasiado grande quizá porque los métodos colorimétricos visuales no son apropiados en muchas ocasiones, especialmente en trabajos rutinarios sobre tipos muy limitados de colores. En cuanto a la medida del brillo, el problema estriba en la falta de correlación que existe entre los diversos aparatos que se encuentran en el mercado. Son, sin embargo, medidas de control, necesarias en cualquier fábrica de papeles de edición y papeles estucados.

Todas ellas dependen de las características físicas y químicas con que están fabricadas las pastas celulósicas. Entre ellas:

1. El tipo de pasta celulósica con que se ha fabricado: mecánicas, química sulfato, bisulfito, crudas o blanqueadas y recicladas y mezclas de todas ellas.
2. Cantidad o grado de blanqueo a que ha estado sometida.
3. Presencia de cargas o recubrimientos superficiales.
4. Presencia de tintes o pigmentos de color.
5. Método aplicado en la preparación de la pasta y formación de la hoja.
6. Presencia de colofonia, almidón, blanqueantes ópticos.
7. Las operaciones de acabado superficial del papel: alisado, calandrado....

En los papeles de impresión y escritura, las características ópticas tienen una gran importancia. Las características ópticas del papel vienen determinadas por la forma en que éste refleja, transmite o absorbe la luz que incide sobre él. La luz es una forma de energía radiante y la luz visible, es decir, aquellas radiaciones que impresionan la retina del ojo no constituyen más que una pequeña parte de la energía radiante que emite un cuerpo incandescente.

La luz blanca está formada por un espectro de radiaciones electromagnéticas que abarcan longitudes de onda comprendidas entre 400 y 700 nm. Entre estos valores extremos, hay diferentes gamas de longitudes de onda, cada una de ellas, asociada a un color diferente. Estos colores elementales, componentes de la luz blanca, son los siguientes (Tabla 1):

COLOR	nm
Ultravioleta	<400
Violeta	400-450
Azul	450-500
Verde	500-570
Amarillo	570-590
Naranja	590-610
Rojo	610-700
Infrarrojo	>700

Tabla 1.- Longitudes de onda del espectro de radiaciones electromagnéticas en el rango visible, ultravioleta e infrarrojo

Las radiaciones con longitud de onda inferior a 400 nm, constituyen la luz ultravioleta, y las superiores a 700 nm la luz infrarroja, siendo ambas invisibles al ojo humano.

Cuando la luz incide sobre una superficie lisa y ópticamente plana, un porcentaje de ella se refleja según un ángulo igual al ángulo de incidencia, lo que se conoce como reflexión especular, y tiene lugar siempre en la parte más externa de la superficie. En el caso de una superficie mate, la luz penetra más allá de la superficie, donde se dispersa en todas direcciones, emergiendo en forma de luz difusa. La cantidad de luz dispersada depende del ángulo de incidencia y del índice de refracción. En el caso del papel, la mayor parte de la luz reflejada por su superficie es luz dispersa o luz difusa.

Para conocer los porcentajes de luz reflejada especularmente o dispersada por el papel, no se emplean medidas absolutas, sino relativas. Nace así el concepto de Reflectancia espectral, que es el cociente de la intensidad de la luz reflejada por la muestra para una longitud determinada, y la intensidad de la luz reflejada, de forma similar, por el cuerpo reflector estándar. Hay que distinguir, como antes se ha indicado, entre la reflexión especular y la difusa. La suma de la reflectancia, en ambos casos, dará la reflectancia total. Los aparatos que habitualmente se emplean para medir la reflectancia son, por tanto, de dos tipos. En uno de ellos se mide la reflexión especular, y se emplean para la determinación del brillo del papel. Los otros, que son los más corrientes, miden la reflexión difusa, y se emplean para la determinación del color, la blancura y la opacidad.

La transmitancia, que es otra de las medidas ópticas del papel, es el cociente entre la luz transmitida por el papel y la luz incidente. Se refiere, por tanto, a la facultad que presenta el papel a dejar pasar los rayos de luz a su través. Cuando la luz atraviesa un papel sin sufrir dispersión, se mide la transmitancia paralela, mientras que, si la luz sufre dispersión, se mide la transmitancia dispersa.

Al iluminar, dirigiendo un haz luminoso a una hoja de papel, tenemos que la luz incidente se descompone de tres maneras, dando los efectos siguientes (Tabla 2):

Luz	Reflejada	Especular	0,2-0,6%	BRILLO
		difusa	50-70%	OPACIDAD
	Absorbida		10-40%	COLOR
	Transmitida		5-10%	TRANSPARENCIA

Tabla 2.- Descomposición de la luz incidente.

1.7.1.- Brillo

El brillo es la propiedad por la cual una superficie es capaz de reflejar los rayos paralelos de una fuente de luz que inciden en ella, igualmente paralelos y en un ángulo de reflexión igual al de incidencia, de manera semejante a como sucede en un espejo. Dicho de otra manera, el brillo o lustre es la propiedad que presentan los papeles, de reflejar la luz especularmente en su superficie. Cuando la luz es reflejada por un papel en esta forma, se llama reflexión especular y a ella se debe su apariencia brillante o lustrosa. En el caso contrario, un papel mate, refleja la luz en todas direcciones y a esta forma se le llama reflexión difusa. La mayor parte de los papeles, tienen una superficie que no es perfectamente brillante ni perfectamente mate, sino que se puede situar en diferentes grados de brillo. No es una característica de fácil y exacta definición y, menos aún, de una correcta y adecuada medida. Es una propiedad cualitativa y por tanto, difícil de cuantificar.

El brillo en el papel se puede describir como una característica que hace que su superficie refleje mayor cantidad de luz en la forma que lo hace un espejo, que la luz que refleja difusamente en el mismo ángulo, es decir que la superficie del papel tenga mayor reflexión especular que reflexión difusa. El brillo se aprecia más en unos ángulos de observación que en otros. Por el contrario, una superficie mate, refleja un rayo de luz incidente en todas direcciones y la superficie se verá igual desde todos los ángulos.

El brillo de un papel está directamente relacionado con el índice de refracción del papel, que determina la cantidad total de luz reflejada, y con el grado de lisura óptica de la superficie del papel, que determina la relación entre la luz reflejada especularmente y la luz total reflejada.

Existe una tendencia errónea en el sentido de asociar el brillo como índice de una buena lisura del papel, por tanto, de una buena "printabilidad" (impresión), lo cual no es cierto, ya que dos papeles pueden presentar diferente lisura y tener el mismo brillo. Por otro lado, un brillo excesivo puede dificultar la lectura del texto impreso sobre dicho papel, debido al deslumbramiento originado. En casos como éste el brillo puede ser reducido empleando pigmentos opacos en el color o estuco.

Determinación del brillo de un papel:

Los aparatos existentes para la medida del brillo dan un valor arbitrario, relacionado de alguna manera con el lustre del papel. Existen varios instrumentos para medir el brillo especular, todos cuentan con una fuente de luz, una lente colimadora que sirve para producir un haz de rayos de luz paralelos, una ranura para limitar este haz de luz, un método para dirigir la luz hacia la muestra de papel con un ángulo de incidencia fijo y un método para medir la luz reflejada por el papel con un ángulo de reflexión igual al de incidencia. Para medir el brillo de un papel, se han utilizado diferentes ángulos de incidencia de la luz, aunque no se ha llegado a un acuerdo universal sobre el ángulo que debería utilizarse para medir el brillo, aparentemente el ángulo de 75° con respecto a la normal, esto es a 90° de la superficie del papel, es el mejor para la mayoría de los papeles, aunque no es satisfactorio para papeles con alto brillo, con los que conviene más un ángulo menor.

Algunos instrumentos toman la medida a 45° y otros a 60°, pero la mayoría de las determinaciones se realizan con el ángulo de 75° respecto a la normal, esto es a 90°, en relación con la muestra de papel y que corresponde a un ángulo de 15° con respecto al plano de dicha muestra de papel.

1.7.2.- Blancura

El grado de blancura es un concepto físico y viene definido como la reflectancia de una hoja de papel, a una longitud de onda de 457 nm, es decir, en la zona azul del espectro

Las medidas de blancura se introdujeron principalmente para medir la efectividad del blanqueo de las pastas. Cuando se blanquea una pasta, los valores de la reflectancia son más elevados a lo largo de todo el espectro, pero especialmente en el violeta y en el azul, es decir, en las proximidades de 457 nm, que es donde se realizan las medidas de la blancura.

Esto supone que la medida de la blancura es un índice muy adecuado de la eficacia del blanqueo. La causa principal del color en las pastas crudas es la lignina, aparte de ciertos compuestos extractivos de algunas especies.

Durante el blanqueo, la lignina y otras sustancias coloreadas son eliminadas o blanqueadas y, como antes se ha dicho, la medida de la reflectancia a 457 milimicras acusa perfectamente este cambio, y de ahí su utilización en la industria papelera.

Es corriente en la práctica industrial añadir una pequeña cantidad de colorante azul a la pasta, en la pila holandesa, cuando se está fabricando un papel blanco, debido a que el ligero tinte azulado que adquiere el papel es agradable a la vista y da la sensación de una mayor blancura. Esta, sin embargo, no se aumenta con la adición del azul, puesto que cualquier colorante reduce la cantidad de luz reflejada. En realidad, la adición de un colorante, en general, baja la blancura y aumenta la opacidad. Lo que sí se puede hacer es teñir una pasta sin alterar apreciablemente la medida de su blancura, escogiendo adecuadamente un colorante que no influya sobre la reflectancia a 457 nm. Los colorantes azules se añaden sin que se aprecie una reducción en la reflectancia a la longitud de onda de 457 nm.

Los blanqueantes ópticos absorben el componente ultravioleta de la luz y lo convierten en luz azul visible. Es decir, se aumenta la reflectancia a lo largo de todo el espectro, lo contrario que sucedía al añadir a la pasta un colorante azul, con lo que las medidas de blancura se elevan apreciablemente.

Los pigmentos coloreados influyen sobre la blancura de una forma similar a los colorantes. Los pigmentos ocres son esencialmente contraproducentes para la blancura. El dióxido de titanio, el carbonato cálcico y el sulfuro de zinc aumentan apreciablemente la blancura, puesto que tienen mayor reflectividad que las fibras y son, al contrario que los blanqueantes ópticos, más efectivos con pastas crudas o semiblanqueadas que con pastas blanqueadas. Las cargas tienden a concentrarse en la capa superior del papel, en el lado fieltro.

Al aumentar la densidad del papel disminuye la blancura, debido a que ello significa menos interfases para la reflexión de la luz. El refino baja la blancura, ya que aumenta la densidad. Algo parecido sucede con el prensado en húmedo, que reduce las interfases fibra-aire.

El grado de blancura, tal como se define en la norma UNE-ISO 2470-1 (que es el factor de reflectancia difusa en el azul), es el factor de reflectancia intrínseca determinado a una longitud de onda efectiva de 457 nm con un reflectómetro. Su calibrado se realiza con pastillas de óxido de magnesio de factor 97,2%.

Ante la subjetividad que representaría medir con la retina humana el grado de blancura de un objeto, aunque fuese por comparación, se recurre a un conjunto de aparatos que se llaman fotómetros y que son capaces de medir la intensidad de la luz que reciben sin intervención del operador que pueda producir un error más amplio que el experimental. Los más conocidos son el Photovolt, el General Electic y el Elrepho. Sabido es que de la energía radiante que incide sobre un cuerpo hay una parte absorbida, otra refractada y una tercera reflejada. Los aparatos de este tipo miden siempre la luz reflejada, que expresada como fracción de la emitida, se define como "factor de reflectancia". Naturalmente, para un mismo objeto, la reflectancia varía según el espesor del objeto, el fondo que tenga y la longitud o longitudes de onda de trabajo.

La blancura de una pasta y, por tanto, la del papel fabricado con ella puede mejorarse de cuatro formas:

   a) Por el blanqueado químico
   b) Empleo de una carga o pigmento de mayor blancura que la pasta.
   c) Empleo de colorante azules.
   d) Empleo de blanqueantes ópticos.

En resumen, la importancia de la blancura radica en que sirve como medida del grado de deslignificación de la pasta en fábrica (a través de probetas) y como elemento de calidad del papel, para controlar el amarilleamiento con el paso del tiempo.

1.7.3.- Opacidad

La opacidad es el grado de impenetrabilidad de la luz visible a través del papel. Todos los cartones son opacos, pero no así los demás papeles. Es una propiedad importante en los papeles de impresión.

La opacidad del papel viene dada por la cantidad total de luz transmitida (difusa y no difusa). Un papel perfectamente opaco es aquél que es absolutamente impenetrable al paso de la luz visible.

La transparencia se relaciona con la opacidad, en cuanto que viene determinada por la cantidad de luz que es transmitida sin dispersión. Un cuerpo perfectamente transparente es aquél que no refleja, refracta o absorbe la luz incidente, sino que la transmite sin dispersión.

Entre los dos extremos un papel perfectamente opaco y otro perfectamente transparente- existe un estado en el que una parte de la luz es transmitida y otra parte es dispersada. Este estado se conoce como translucidez, en el que se encuentra el papel.

Se denomina opacidad de impresión, cuando se mide la reflectancia sobre fondo negro de 1 hoja y la de la masa de todo el papel, es decir:

Reflectancia difusa sobre fondo negro/reflectancia sobre fondo papel

Opacidad de impresión= R_0/R_∞

Para su medición se efectúa con el filtro 10 (verde) con lámparas de 6 voltios. Para la opacidad de impresión se ha de calibrar con el blanco del taco de papel a analizar.

Factores que afectan a la opacidad

Son muchas las características que afectan a la opacidad: gramaje, densidad, refino, cargas, colorantes, ceras, tipos de pastas, mano, espesor, tipo de fibra, tamaño de la fibra, contenido en lignina, aditivos, unión entre las fibras, formación, lisura, calandrado, estucado...

- En general, a mayor gramaje, mayor opacidad
- A mayor mano, mayor opacidad
- A mayor alisado y menor espesor, menor opacidad
- A mayor longitud de fibras, menos opaco
- Papeles con fibra corta o reciclada, mayor opacidad
- A mayor porcentaje de finos, mayor opacidad.

1.7.4.- Color

La coloración de un determinado objeto es la apreciación por la retina humana del conjunto de longitudes de onda que dicho cuerpo refleja a partir de una fuente de iluminación dada. La luz visible se interpreta hoy como una parte de la energía radiante, concretamente la comprendida entre los 400 y los 700 nm. La energía que se propaga con longitudes de onda superiores se llama infrarroja (IR) y la propagada con longitudes de onda inferiores, ultravioleta (UV). La luz blanca (la luz solar, por ejemplo) está formada por ondas de muchas longitudes, superpuestas.

Cuando la luz entra en una hoja de papel, es dispersada por refracción y reflexión interna, como ya hemos comentado. Una parte de la luz es absorbida, otra parte es transmitida y el resto, se refleja difusamente. Si la pila de papel es gruesa, toda la luz es absorbida y/o reflejada difusamente. La fracción absorbida determina el COLOR.

- Cuerpo negro perfecto = absorbe toda la luz y la reflectancia difusa es 0.
- Cuerpo blanco perfecto = No absorbe nada y la reflectancia difusa $R\infty$ = 100%
- Cuerpo gris = Absorbe todas las longitudes de onda en igual medida.
- Cuerpo de color = cuando absorbe una o más longitudes de onda preferentes respecto al resto.

El color es una característica psicológica, física y química, por ello, se utilizan para su medición los valores TRIESTIMULOS: ROJO, VERDE y AZUL.

Por ejemplo, el color gris, casi todas las personas lo valoran entre el blanco (100%) y el negro (0%), sin embargo, sólo refleja el 18%, por lo que se puede considerar muy próximo al negro. Al especificar psicológicamente el color, se interpreta la respuesta del ojo al estímulo de sus nervios para los 3 colores dados. Para ello se ha diseñado el "observador estándar", que consiste en las 3 funciones de longitud de onda que muestran las cantidades relativas de los 3 estímulos primarios, necesarios para igualar el color de varias partes del espectro de energía teóricamente

Ahora bien, este sistema del observador estándar es muy complicado de calcular por cuanto hay que referirse a unas funciones dadas por tablas y curvas. Para evitar este sistema y empleando el espectrofotómetro, se obtienen los resultados sobre un triángulo de colores que se adjunta en el capítulo 2.10.3 (Fig. 18).

La medida o especificación del color constituye uno de los problemas más difíciles cuando se analiza el papel. Dos problemas muy distintos pueden presentarse cuando se estudia el color de un papel que se va a fabricar, con la muestra, y el otro es expresar el color del papel de una forma numérica. El primer caso no ofrece dificultad, y es sólo problema de práctica el lograr una igualación correcta. En cuanto al segundo, el problema se complica notablemente.

El color es una impresión sensorial, y su medida por el ojo humano depende de la distribución energética de la luz que llega a él. El ojo humano no es capaz de analizar la distribución de energía, es decir, no distingue, por ejemplo, entre un rojo monocromático y un rojo compuesto. Por el contrario, las medidas del color permiten determinar las propiedades físicas de un color. La Colorimetría, aunando ambos fenómenos, permite interpretar las medidas físicas, de modo que puedan sacarse conclusiones concretas sobre la percepción de los colores.

Para "medir" el color, es suficiente conocer la distribución espectral relativa de la energía radiante, por lo cual el objeto debe estar iluminado por la luz. La distribución espectral de la energía radiante de la luz que ilumina el objeto tiene una gran importancia en el aspecto cromático del objeto. Por ello, para la medida del color, se ha acordado internacionalmente trabajar con dos clases de luz únicamente, las cuales han sido convenientemente normalizadas. Una de ellas, llamada iluminante patrón C, es la de la luz diurna media, empleada en estas prácticas de laboratorio.

Se ha supuesto, sobre la base de estudios científicos, que el ojo humano sólo contiene tres sistemas receptores de diferente sensibilidad espectral, es decir, que la sensación del color depende de la magnitud de tres estímulos transmitidos al cerebro. Quiere esto decir que un color puede ser cuantitativamente descrito por medio de tres números. La descripción cualitativa de un color se realiza por medio de tres conceptos: matiz o tono, saturación o intensidad de color y luminosidad o blancura visual. Los diferentes tonos son: violeta, azul, verde, amarillo, rojo y púrpura. El concepto de luminosidad se hace patente por la diferente sensación visual que se obtiene al observar un cuadro iluminado, con una sencilla linterna de pilas, o con un foco luminoso intenso.

Estas magnitudes X, Y, Z, reciben el nombre de valores triestímulos, y son los índices de una coloración por lo que concierne a la sensación de color recibida por el ojo.

Para representar gráficamente los colores, se calculan previamente las coordenadas de cromaticidad o coeficientes tricromáticos, x e y.

$x = X/X+Y+Z$

$Y = Y/X+Y+Z$

no siendo preciso calcular z, ya que x+y+z=1.

El conjunto de los tres coeficientes indica la cromaticidad de un color, es decir, describen el tono y la saturación. La luminosidad del color no tiene influencia sobre los coeficientes tricromáticos, ya que, si se duplican los valores de la reflectancia de un color, quedarán también duplicados los valores triestímulos X, Y, Z, pero x e y permanecerán invariables.

Los valores de x e y se llevan a abscisas y ordenadas respectivamente, y se obtiene el diagrama de cromaticidad o diagrama de la CIE (Commission Internacionale de L'Eclairage), que aparece en el apartado 2.10.3 (Fig. 18).

Todos los colores se encuentran en dicho diagrama, dentro de la curva dibujada, que corresponde a las cromaticidades de los valores del espectro, y que es cerrada por la recta de púrpuras. En el centro del triángulo de color, se encuentra el punto blanco o acromático C. Desde el punto acromático hasta un borde del triángulo, el color se hace más saturado, aunque conserva el mismo tono.

Los coeficientes tricromáticos x e y indican sólo la cromaticidad del color, es decir, nos permiten conocer el tono y la saturación, pero es necesaria la medida de la luminosidad. Como la curva de distribución y es precisamente igual a la curva de sensibilidad espectral del observador patrón, el valor Y sirve de medida de la luminancia que corresponde a la luminosidad. Puede suponerse que se representa verticalmente al plano de cromaticidad. El punto acromático es la cromaticidad de un color que tiene la misma reflectancia para todas las longitudes de onda. En el sistema CIE el blanco ideal con una reflectancia del 100 por 100 tiene los valores triestímulos X = Y = Z = 100, con lo que x = y = 0,333.

Para la medida del color existen algunos aparatos que dan automáticamente la reflectancia y los valores triestímulos. Estos aparatos son, sin embargo, extraordinariamente costosos y poco útiles fuera de un laboratorio de investigación. Existen también espectrofotómetros con dispositivos especiales para la medida de las reflectancias. Pero el cálculo de los valores triestímulos a partir de la reflectancia es enormemente engorroso y delicado, con lo que tampoco son útiles estos aparatos en la industria. Más utilizados son los espectrofotómetros de filtros y los filtrofotómetros. Entre estos últimos se encuentra el Elrepho, que es un fotómetro con 7 filtros.

1.7.5.- Blanqueantes ópticos

Los blanqueantes ópticos son unos materiales que, añadidos a la pasta o a los productos de estucado, ejercen una influencia sobre la blancura del papel aumentándola debido a la fluorescencia que generan. Compensan parte de la absorción de luz visible transformando una parte de la energía ultravioleta recibida en luz visible de pequeña longitud de onda reflejada. Es decir, parte de la luz ultravioleta que reciben es reflejada en forma de luz violeta o azul, que además de ser visible compensa el amarillo de los papeles, siendo el resultado que el papel parece más blanco. Dicho de otro modo, son sustancias que absorben la luz UV y la devuelven como luz visible en el extremo azul del espectro. La reflectancia con tintes ópticos será mayor siempre que la reflectancia total sin tintes. Por lo tanto, los tintes fluorescentes aumentan la reflectancia total pero además la hacen más uniforme en todas las longitudes de onda.

Por lo tanto:

- Los blanqueantes ópticos no son efectivos en pastas de blancura baja debido a la absorción de los UV por fibras más oscuras.
- No se utilizan en pastas crudas, por el gran contenido en lignina que absorbe igualmente la luz UV.
- Son muy efectivos en papeles no encolados.
- La blancura es mejor a la luz del día.
- La eficacia es mayor cuando se aplica al pigmento (estuco), que si se mezcla en el púlper con la pasta.
- En relación con el color percibido afecta, sobre todo con la tonalidad amarilla, que tiende a desaparecer.

Para comprobar la existencia de blanqueantes ópticos se requiere aumentar la gama de longitudes de onda que iluminan la muestra, para lo cual se sustituye una de las lámparas de tungsteno por una pantalla de xenón que emite su energía en longitudes de onda más corta, en la banda UV. Para ello se emplea el suplemento de iluminación de que está equipado el Elrepho, para cuya instalación y puesta en servicio se siguen los siguientes pasos:

1. Aflojar el tornillo que sujeta el portalámparas izquierdo del aparato tras haber apagado la lámpara, y extraer el portalámparas.
2. Situar en su lugar el suplemento de iluminación encajándolo en los 3 pivotes dispuestos para ello.
3. Extender el tubo de comunicación entre el suplemento y el aparato.
4. Encender el aparato sólo en la lámpara de la derecha.
5. Girar el interruptor del suplemento.

Una vez que el aparato está en servicio se determinan los factores de reflectancia con cada uno de los filtros del 1 a 7, cuyos nombres y longitudes de onda son los siguientes (Tabla 3):

Nº	Nombre	L.O. (nm)
1	R-68	681
2	R-62	620
3	R-57	577
4	R-53	540
5	R-49	495
6	R-46	466
7	R-42	426

Tabla 3.- Nomenclatura y longitudes de ondas de los filtros utilizados en el espectrofotómetro Elrepho para determinar los factores de reflectancia.

La determinación de estos 7 factores de reflectancia se llevará a cabo intercalando el filtro FL 40 del suplemento de iluminación, se repite luego intercalando el filtro FL 45 y por último sin intercalar ningún filtraje. El primer filtro no permite el paso de longitudes de onda superiores a 390 nm y sirve para la identificación de los que se excitan con luz ultravioleta. El segundo filtro sirve para la identificación de los que se excitan con luz UV, azul violeta o verde, pues impide el paso de longitudes de onda superiores a 460 nm.

Con estos datos se dibujan 3 curvas del factor de reflectancia en función de la longitud de onda. El aumento de blancura que hay de la curva obtenida sin filtro a la obtenida con él es la influencia del blanqueante óptico.

1.8.- Refino y desgote

La relación entre el refino o refinado de la pasta de celulosa y las propiedades del papel es crucial en la fabricación de éste. El proceso de refinado tiene como objetivo principal mejorar las características físicas y mecánicas de la pasta de celulosa, lo que a su vez afecta a las propiedades del papel. Durante el refino, la pasta de celulosa se somete a fuerzas de corte, compresión y cizallamiento, lo que conlleva la ruptura de las fibras y la liberación de las capas más internas de la pared celular, mucho más ricas en celulosa y por tanto más reactivas debido a la presencia de grupos hidroxilo con carácter polar. Este proceso de "desfibrilación" es esencial para desarrollar la formación de las hojas de papel, un adecuado gramaje, resistencia y opacidad.

El refino de la pasta de celulosa tiene varios efectos en las propiedades del papel. En primer lugar, aumenta la flexibilidad y la capacidad de formación de enlaces, lo que mejora la uniformidad y la resistencia de las hojas de papel. Además, facilita la reducción del tamaño de las fibras, lo que aumenta la superficie específica y mejora la capacidad de retención de carga y pigmentos en el papel, mejorando la calidad de impresión. El grado de refino esta por tanto relacionado con la resistencia del papel siendo por lo general esa relación de proporcionalidad, es decir, a mayor grado de refino corresponde una mayor resistencia del papel, ya que las fibras serán más reactivas y formarán enlaces más fuertes. Sin embargo, un refinado excesivo puede debilitar las fibras y disminuir la resistencia, debido fundamentalmente a las roturas y la perdida dimensional (longitud) que como hemos mencionado en el apartado 1.1 también está estrechamente ligada con las propiedades mecánicas del papel.

Por otro lado, existe una clara relación entre el refino de la pasta y el desgote en la mesa formadora, siendo un refino adecuado esencial para controlarlo. El desgote se refiere a la pérdida de agua en la mesa formadora durante el proceso de fabricación de papel. Un refino excesivo puede conducir a una mayor retención de agua y por tanto un desgote más costoso o por el contrario, si el refino es insuficiente, en una mala retención de fibras en la mesa formadora y un excesivo desgote.

En resumen, el refino de la pasta de celulosa tiene un impacto significativo en las propiedades del papel y en el proceso de fabricación. Un refino adecuado mejora la calidad del papel, incluyendo su resistencia, uniformidad y capacidad de retención de carga. Sin embargo, es importante encontrar un equilibrio en el proceso para evitar un exceso o una insuficiencia, ya que ambos pueden afectar negativamente tanto a las propiedades del papel como al proceso industrial.

1.9.- Grado de encolado

El encolado es un aspecto parcial del problema de la permeabilidad del papel a los líquidos. El objetivo es determinar la capacidad de absorción de agua por parte del papel en condiciones normalizadas. El encolado hace a los papeles más resistentes al paso de los fluidos por ejemplo el agua, la tinta y el aceite. El encolado puede ser: (1) interno o (2) externo. En el primer caso se añaden las colas, principalmente resinas, en la tina de mezcla. En el segundo se añaden los productos encolantes una vez que el papel ha sido fabricado. Fundamentalmente existen 2 tipos de métodos de ensayar el grado del encolado. Un grupo de ellos emplea agua como medio líquido y el otro utiliza tinta. Entre los ensayos que utilizan agua se nombran los métodos de Cobb y Carson, y entre los que utilizan tinta el ensayo al trazo y el ensayo por flotación.

1.10.- Ascensión capilar

Se entiende por ascensión capilar de un papel la altura que alcanza el agua al ascender por capilaridad por una probeta de papel suspendida verticalmente, cuando su borde inferior es sumergido en agua una cierta longitud.

La capilaridad que presenta un papel es una medida de las dimensiones de los espacios vacíos entre las fibras que lo forman, es decir, del grado de empaquetamiento de dichas fibras en la hoja de papel.

Para papeles absorbentes, papeles secantes o de uso sanitario, es interesante que la tensión capilar sea lo más grande posible pues de esta forma cumplirán su misión de una forma más rápida. En papeles para imprimir debe mantenerse en un límite para que la tinta no sea absorbida en demasía.

1.11.- Cenizas

La magnitud del residuo de ignición se considera, aunque no es igual, como el contenido en constituyentes minerales presentes en la muestra. Para productos estucados y con cargas, la cantidad de constituyentes minerales añadidos sólo puede calcularse si se conocen los resultados de las pérdidas por ignición del pigmento particular utilizado. Este valor varía de un pigmento a otro, pero también entre diferentes lotes del mismo pigmento. Para el caolín, el residuo de ignición a 900 °C varía entre el 89% y el 86%, siendo, aproximadamente, del 56% para el carbonato cálcico. Si se emplean temperaturas de ignición menores, los porcentajes aumentarán, pero no existe garantía de que sean exactamente el 100% a cualquier temperatura.

Para las pastas y otros productos a los que no se añaden minerales, el residuo de ignición es una medida de los constituyentes minerales indeseables, tales como sílice, silicatos, partículas de minerales, etc. Algunos constituyentes inorgánicos solubles, tales como el cloruro sódico, escapan de la determinación, mientras que los sulfatos normalmente quedan retenidos.

Esta determinación se utiliza, principalmente, para comprobar la calidad global de un producto frente, en muchos casos, a especificaciones. El procedimiento de ignición puede utilizarse como etapa preliminar cuando se determinan componentes minerales concretos.

Las temperaturas de ensayo recomendadas son 525 ºC y 900 ºC, para ambas la metodología es idéntica; la temperatura puede conducir a resultados de ensayo notablemente diferentes, por lo que en el informe del ensayo se debe establecer la temperatura de ensayo elegida.

2
ENSAYOS

2.1.- Puesta en suspensión de una pasta

Con el fin de abaratar su transporte y manipulación, la pasta se sirve con humedades muy bajas, del 10 al 20%. Sin embargo, todo el proceso de fabricación del papel se realiza poniendo la pasta en suspensión acuosa, utilizándose para ello grandes volúmenes de agua. La pasta ha de ser mezclada con la cantidad requerida de agua y desintegrada, pero de tal forma que las fibras no sufran transformaciones que varíen sus características físicas o mecánicas. Igualmente ha de ocurrir en el laboratorio donde se van a controlar dichas características, que tendrán que permanecer en lo posible invariables para la misma muestra.

Se define como sequedad la proporción del peso de una muestra de pasta absolutamente seca respecto del peso de la mima muestra en las mismas condiciones en que se quiere medir, expresada en porcentaje. Es decir, que si llamamos Ph al peso de la muestra cuya sequedad quiere conocerse y Ps al peso de la misma muestra al seco absoluto, la sequedad vendrá dada por la fórmula:

$S(\%) = 100 * Ps/Ph$

Este valor también se denomina "contenido en materia seca" y se ha de tomar para su obtención una muestra de unos 10 g de pasta y una vez desmenuzada en pequeños trozos se ha de introducir en una pesa sustancias cerrado y tarado. Tras anotar su peso se mantendrá en una estufa a 103+-2ºC destapado, sacándolo para ser pesado varias veces en intervalos de una hora. Cada vez que se saquen para ser pesados, los pesa sustancias se taparán con el fin de que no penetre la humedad atmosférica en la muestra, y se dejarán enfriar en un desecador. Se considera la pasta seca cuando la diferencia entre dos pesadas consecutiva es inferior al 0,1%.

Una vez conocida la sequedad de la pasta se tomará una muestra suficiente para hacer al menos una hoja de papel por cada uno de los operadores a realizar la práctica teniendo en cuenta la sequedad de la muestra. Si cada hoja se hace con unos 4 g de pasta aproximadamente, para 10 personas serían 40 g de pasta seca.

La consistencia se define como la proporción entre el peso de fibras secas respecto del volumen total de suspensión fibrosa, expresada en tanto por ciento. Para una práctica con 8 participantes (lo habitual) prepararemos 60 g de pasta seca de forma que haya fibra de sobra para formar al menos una hoja por persona. Tenemos que poner la fibra a una consistencia del 3%, por lo que los 60 g se añaden a 1 l de agua para permanecer en remojo al menos 24 h, y posteriormente para desintegrar la fibra añadiremos 1 l más. Así, la suspensión al 3% posee 60 g de fibras secas en 2 litros de agua. La pasta y el agua se llevan ahora a un desintegrador o púlper y se agita durante 5-10 min.

Un desintegrador (Fig. 5) es un aparato que consta de un recipiente cilíndrico provisto en su interior de cuatro deflectores, de un agitador en forma de hélice de tres palas montado sobre un eje vertical, y de un contador de revoluciones. El agitador es accionado por un motor eléctrico que le proporciona una velocidad constante e igual a 2.900 +-100 rps. Con el fin de no producir cortes en las fibras todos los bordes interiores están redondeados. Los pasos a seguir para su manejo son los siguientes:

1. Aflojar el retén inferior del eje (1) sosteniendo el superior con la otra mano.

2. Elevar el eje y apretar el retén inferior suavemente, sólo lo suficiente para que el eje no descienda por su propio peso.

3. Introducir en el recipiente la pasta y el agua, asegurándose a continuación que queda perfectamente encajado en su alojamiento.

4. Aflojar el retén inferior, sosteniendo el superior con la otra mano. Bajar despacio el eje cuando queda libre.

5. Hacer girar el retén superior en sentido horario mientras se sostiene el retén inferior con otra mano, hasta que el giro encuentre un tope.

6. Apretar el retén con suavidad.

7. Tapar el recipiente.

8. Poner a cero el contador de vueltas.

9. Accionar el interruptor.

De esta forma se obtiene la suspensión homogénea y sin agregados de fibras. Es conveniente reservar un poco de agua con el fin de limpiar el aparato y recuperar todas las fibras.

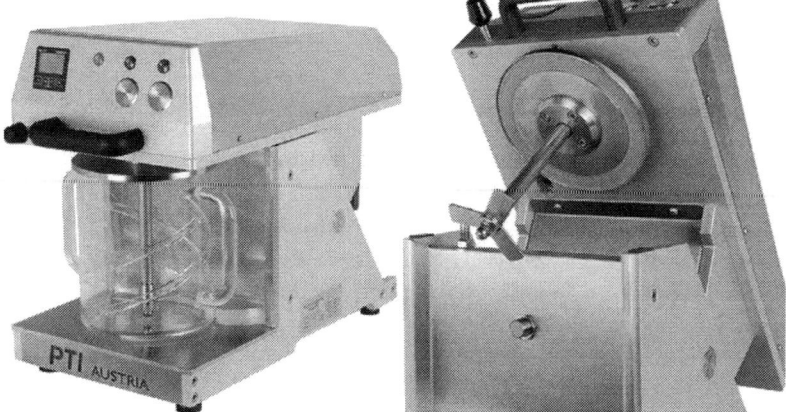

Figura 5.- Pulper desintegrador Lhomarghy. Vista general del equipo y el vaso con tapa y panel de control a la izquierda de la imagen. Motor interno, eje de giro y aspas de desintegración a la derecha. Fuente: paralab.es

2.2.- Formación de hojas de ensayo

Así como las características químicas de una pasta se determinan sobre suspensiones de esta, para obtener las cuales basta el empleo de un desintegrador, la determinación de las resistencias mecánicas y de otras propiedades exige un soporte físico para la muestra lo más parecido que sea posible al producto final, es decir al papel. Por esta razón, como paso previo a toda determinación física o mecánica de las características de una pasta se realiza la formación de hojas de papel normalizadas.

El sistema de formación es muy parecido en todas las normas que lo contemplan y consiste en llevar la pasta a una suspensión acuosa en un recipiente, provocar el desgote sobre un tamiz fino, realizar un prensado con papel secante y un secado-acondicionado generalmente al aire.

Cuando se trata de obtener simplemente las características de una pasta se forman hojas con ella, sin embargo, se pueden realizar muchos otros trabajos en que es necesario realizar este proceso, pues la suspensión de la pasta se puede realizar con mezclas de distintas pastas y diferentes proporciones, añadiendo otro tipo de sustancias tales como colas, cargas, colorantes, blanqueantes ópticos etc.

En esta práctica se formarán hojas de ensayo de pasta de manera enteramente manual, ajustándonos a la norma UNE-EN ISO 5296-1. El equipo de formación manual consta de los siguientes componentes:

- Formador propiamente dicho con sus accesorios (agitador, rodillo y placa).
- Prensa con placas y anillos de secado.
- Papel secante en hojas de tamaño suficiente, que tengan las características siguientes: Gramaje 245 a 255 gr/m^2; Formato, 200 x 200 mm; Espesor de 0,50 a 0,52 mm; Ascensión capilar en 10 minutos en los dos sentidos 40 a 60 mm.
- Placas metálicas del mismo diámetro de la hoja
- Dispositivo separador de ventilación para asegurar el correcto secado de la hoja.

El formador propiamente dicho consta de un recipiente cilíndrico cuyo fondo es una tela filtrante de luz muy pequeña. Las paredes del recipiente se pueden abatir mediante el uso de un cierre en bayoneta. La tela está soportada por otra luz mucho mayor, que a su vez descansa sobre un soporte en forma de enrejado, todo ello para asegurar la horizontalidad de la tela en todo momento. Bajo la tela hay un dispositivo de succión en forma de sifón para facilitar el desgote y un sistema de entrada de agua provisto de cierre hidráulico con el fin de mantener el nivel de agua el tiempo necesario.

En cuanto a la prensa, tiene simultáneamente dos tipos de accionamiento: el plato superior está accionado por un tornillo, y se emplea para fijar la pila de papel a prensar y comunicarle una presión inicial. Para elevar y mantener la presión en los límites fijados se emplea el plano inferior, al cual se comunica la presión por medio de un sistema hidráulico. En la Figura 6 se pueden observar los componentes del equipo de formación de este tipo.

Figura 6.- Formadora de hojas IDM. Fuente: https://www.idmtest.com/

Fases de la formación manual.

Formación:

1. Medir la cantidad de pasta exacta para formar una hoja del gramaje deseado. Es preferible que la suspensión tenga una consistencia baja, del 0,3 al 0,6 % aunque haya que manejar un volumen mayor.
2. Llenar el formador hasta su mitad aproximadamente, elevando para ello la palanca situada en el lado izquierdo.
3. Verter la pasta en el cilindro con cuidado, y completar con agua hasta alcanzar el 75-80% del volumen.
4. Introducir el agitador y bajarlo y subirlo enérgicamente 6 veces, tras las cuales se deja caer una vez y se levanta después a la misma velocidad que ha caído, y se saca del formador tras dejarlo escurrir unos segundos.
5. Elevar de golpe la palanca situada a la derecha con lo que comenzará el desgote. Al vaciarse el cilindro hay un periodo de succión, y transcurrido éste se baja la palanca de desgote.
6. Abrir y abatir el cilindro hacia atrás. La hoja húmeda queda al aire.
7. Situamos un secante sobre la hoja y con ayuda de la mano y del rodillo de prensado aseguramos el contacto hoja-secante en toda su superficie, a continuación, con cuidado vamos levantando la hoja con el secante y procedemos a separarla de la tela o malla.
8. Colocamos un secante en la mesa, el secante con la hoja hacia arriba sobre este, la placa metálica circular sobre la hoja y en contacto con ella, y otras dos secantes encima del conjunto, todo ello se traslada a la prensa (en grupos de 8-10 hojas).

Prensado:

1. Colocar la pila de papeles y secantes centrada en el plato inferior de la prensa.
2. Cerrar la prensa y ajustar el plato superior contra la pila, dándole una presión inicial de 1,8 kg/cm^2 empleando para ello el tornillo del piloto superior.
3. Llevar con el accionamiento hidráulico del plato inferior la presión hasta 3,5 kg/cm^2 y mantenerla en este valor durante 5 minutos.
4. Transcurrido este tiempo bajar la presión del accionamiento hidráulico hasta el tope, y abrir la prensa por medio del tornillo. Al retirar los secantes la hoja queda pegada a la placa.

Secado:

1. Inmediatamente después del prensado poner las placas con la hoja formada en la superficie superior en los anillos de secado correspondientes. Cada anillo sirve como soporte para una placa y a la vez sujeta los bordes de la hoja del anillo de debajo, de forma que al secarse no se contraiga arrugándose.
2. Mantener las hojas en sus placas en un ambiente controlado cuyas condiciones óptimas serían 20+-2ºC de temperatura y del 65% de HR del aire, hasta que la hoja alcance el equilibrio con tal atmósfera. Para ello es normalmente suficiente un periodo de 12 h.

2.3.- Determinación de gramaje y espesor

En la realización de los ensayos físicos de una pasta, papel o cartón se ha de tener en cuenta el estado higrotérmico de la atmósfera, debido a la gran influencia que tal estado posee sobre dichos ensayos. Efectivamente, debido a la gran afinidad de la celulosa por el agua su humedad depende de la humedad relativa del aire (Fig. 7) y las magnitudes físicas que se miden en un papel dependen en un alto porcentaje de su humedad. Es por esta razón por la cual se fijan las condiciones atmosféricas bajo las cuales se realizan los ensayos.

Se define como **gramaje** de un papel o cartón el valor de la masa de éste por unidad de superficie, expresado en gr/m^2 estando ambas magnitudes determinadas en las condiciones normalizadas.

El gramaje se determina según la metodología de la norma UNE-EN ISO 536, las probetas de entre 50000 y 100000 mm^2 (una hoja A4 entera sirve) para la medición del gramaje deberán estar acondicionadas conforme a la norma UNE EN 20187 a una temperatura de 23±1ºC y una humedad relativa de 50±2 %. Se calcula su superficie en metros cuadrados mediante el producto de la longitud por la anchura medidos con precisión de 0,5 mm. Se calcula la masa de la probeta en una balanza (Fig. 8) con una precisión de 0,5% de la masa medida. Se procurará evitar tocar el papel con las manos desnudas para evitar transmitir humedad al mismo. El gramaje será el resultado de dividir la masa en gramos entre la superficie en metros cuadrados. Las tolerancias admitidas en el gramaje están recogidas en la norma UNE 57009.

La norma UNE-EN ISO 534 define el **espesor** de un papel como la distancia entre las caras del mismo medidas bajo presión estática en un "micrómetro de peso muerto" que es un aparato que consta de dos piezas con superficie de contacto planas y paralelas. Una de las piezas es móvil según la dirección normal al plano de contacto y marca su separación en una escala. En contacto uniforme en toda la superficie, la escala ha de marcar 0. La pieza móvil ejercerá una presión de 1 kg/cm^2 sobre la pieza fijada y la superficie será circular de 16 mm de diámetro. Con el fin de aumentar la precisión del ensayo, eliminando en lo posible el error debido al operador el micrómetro (Fig. 9) está equipado con un motor que eleva y hace descender la pieza móvil a velocidad constante, de forma que el impacto sobre el papel sea siempre el mismo.

Según la metodología de la norma UNE-EN ISO 534, se puede medir el espesor del papel en 20 probetas de al menos 60x60 mm, pero la norma contempla también la posibilidad de medir el espesor medio de un paquete de hojas, calculado a partir del espesor conjunto de 10 hojas. En este caso se medirá el espesor de 4 paquetes de 10 hojas. Al igual que en apartado anterior, las probetas deberán estar acondicionadas.

En nuestro caso, para simplificar la metodología, vamos a medir el espesor en la hoja completa, si es un A4 se medirá en los 4 vértices a una distancia del borde de 5 cm, si es una hoja de laboratorio de forma circular, se medirá el espesor en los 4 cuadrantes, y a una distancia de 5 cm del borde de la circunferencia.

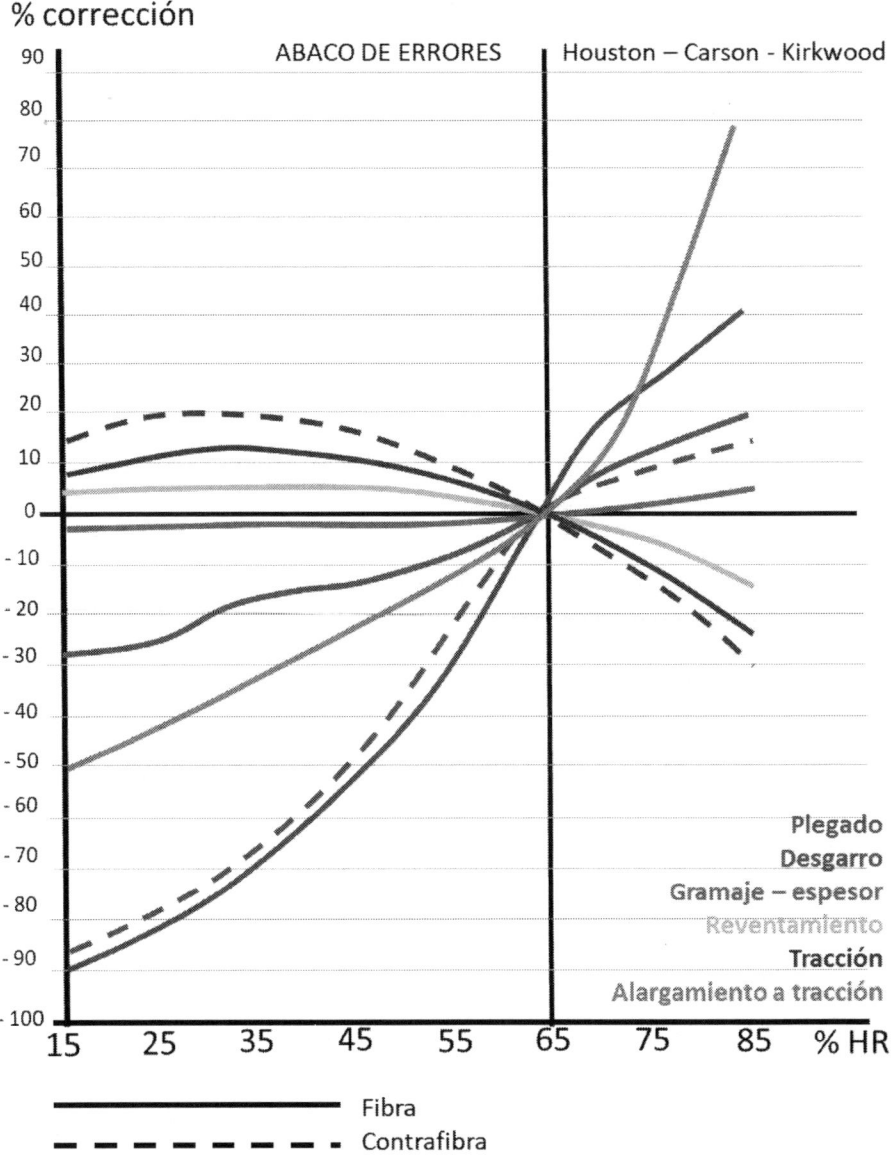

INFLUENCIA DE LA HUMEDAD RELATIVA DEL AIRE A 20ºC SOBRE LAS CARACTERÍSTICAS FÍSICO-MECÁNICAS DEL PAPEL

Figura 7.- Influencia de la humedad relativa del aire a 20ºC sobre las características físico-mecánicas del papel

Figura 8.- Balanza de precisión para la medida de la masa del papel

Figura 9.- Micrómetro de precisión. Fuente IDM

2.4.- Resistencia a la tracción

Uno de los índices más importantes para el conocimiento de las características de un papel o cartón es su resistencia cuando se le somete a tracción. La norma UNE-EN ISO 1924-2 define la resistencia a la rotura por tracción como la resistencia límite de una probeta de papel o cartón sometida a una fuerza creciente de tracción en cada extremo. Esta resistencia límite se denomina carga de rotura. Debido a la anisotropía del papel, sin embargo, un mismo papel puede presentar y de hecho presenta diferentes cargas de rotura según la dirección en que se aplique la tracción. La carga de rotura de un papel dependerá de la tenacidad y de los enlaces entre la fibra, así como también del número de fibras que soporten el esfuerzo, es decir, del gramaje del papel.

El aparato utilizado en esta práctica es una máquina clásica de péndulo, cuyo esquema se muestra en la Figura 10 posee un balancín que gira alrededor de un eje solidariamente unido a un disco metálico. Una correa metálica transmite el esfuerzo del peso P situado en el extremo del péndulo a la mordaza superior que sujeta la probeta según la tangente al disco. La mordaza inferior está conectada a un mecanismo que tira de ella a velocidad constante. La tracción f a que el papel está sometido es directamente proporcional a la longitud del péndulo L, a su peso P y al ángulo que forma con la vertical, e inversamente proporcional al radio del disco r.

$f = L*P*sen/r$

Y como L, P y r son valores constantes por ser datos constructivos del aparato, se deduce que la tensión f es función lineal del ángulo. Esto permite la lectura directa de la carga de rotura en una escala natural. Además de esta escala, el dinamómetro está equipado con un mecanismo que le permite la medición de la diferencia de desplazamientos entre las dos mordazas, es decir, el alargamiento.

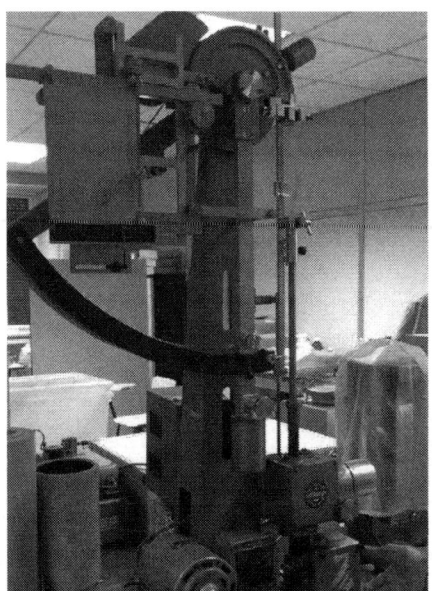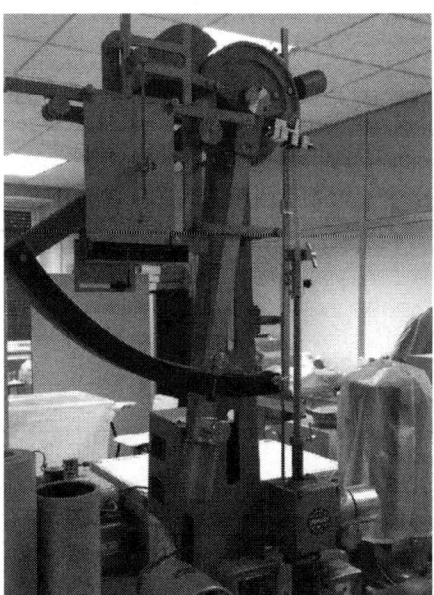

Figura 10.- Máquina clásica de péndulo. A la izquierda posición inicial en reposo y colocación de la probeta de ensayo en las mordazas. A la derecha posición en carga con el péndulo desplazado.

2.4.1.- Carga de rotura y alargamiento

Este ensayo está especificado en la norma UNE-EN ISO 1924-2. Los pasos a seguir son los siguientes:

1. Cortar un número suficiente de probetas (normalmente dos para cada dirección de fibra) en forma de tiras cuya anchura será de 15 mm y cuya longitud, si la muestra disponible lo permite será de 200 mm. Emplear para ello si es posible, una guillotina especial de doble hoja.

2. Con el aparato bloqueado, colocar una probeta entre las mordazas ajustando éstas. La tira se tocará con los dedos lo menos posible en la zona que va a quedar sometida a tracción.

3. Colocar el regulador de velocidad de tal forma que la rotura se produzca en unos 20 seg. Esta operación se hará mediante ensayos previos con probetas adicionales.

4. Quitar el seguro de la correa metálica y el del péndulo; si se va a registrar gráficamente la curva tensión-deformación hay que colocar el trazador en posición adecuada.

5. Bajar el interruptor y comenzará la tracción.

6. Tras la rotura elevar el interruptor, volviendo la mordaza inferior a su posición inicial. Anotar la carga de rotura y si fuera necesario el alargamiento.

7. Volver a la posición inicial el péndulo y asegurarlo, lo mismo que la correa. Retirar de las mordazas la probeta rota y el aparato queda listo para un nuevo ensayo.

Nota: Deben considerarse nulos los ensayos en que la rotura tenga lugar a menos de 10 mm de la línea de contacto de la mordaza y la probeta.

2.4.2.- Procedimiento

A partir de una muestra de papel se cortarán al menos 2 tiras por persona de cada una de las direcciones de fibra definidas en el papel. En el caso de papeles comerciales (escritura, prensa, etc) estas direcciones serán dos, sentido fibra (sentido marcha) y contra-fibra (sentido transversal), para el papel de laboratorio no será necesario diferenciarlas, ya que la disposición de las fibras es aleatoria. Para cada dirección se calculará la fuerza de tracción en N, la resistencia a la tracción en kN/m (lo que es igual a N/mm) y si se desea relacionar con el gramaje (dada la interacción entre estas dos variables) se calculará el índice de tracción en kN × m / kg.

Fuerza de tracción y resistencia a la tracción:

La fuerza a la tracción "Ft" es el dato de fuerza máxima que obtenemos de la máquina, este dato habrá de darse en N. La resistencia por su parte se calcula con la siguiente ecuación:

$$\sigma_t = \frac{Ft}{b}$$

Donde σ_t es la resistencia a la tracción en kN/m, Ft la fuerza de rotura en N y b la anchura de la probeta en mm (15 mm por lo general).

Índice de tracción:

El índice de tracción se obtendrá de la siguiente ecuación que relaciona la resistencia con el gramaje:

$$I_T = \frac{1000 * \sigma_t}{w}$$

Donde "I$_T$" es el índice de tracción en kN × m / kg, σ_t es la resistencia a la tracción en kN/m y "w" es el gramaje en g/m^2.

Como los resultados de todas las probetas ensayadas en la sesión práctica se comparten, de la tabla general de datos obtendremos los valores medios así como las desviaciones típicas y coeficientes de variación correspondientes. En el informe final se adjuntarán representaciones gráficas, interpretación de resultados y comentarios sobre la influencia de la anisotropía del papel o los tipos de papel analizados.

2.5.- Resistencia al estallido o reventamiento

La norma UNE-EN ISO 2758 específica un método para medir la resistencia al estallido del papel sometido a una presión hidráulica creciente.

Una probeta, colocada sobre un diafragma circular elástico, se sujeta firmemente por su periferia, pero pudiendo ser combado por el diafragma. Se bombea, a velocidad constante, un fluido hidráulico, combando el diafragma hasta que se rompe la probeta. La resistencia al estadillo de la probeta es el máximo valor de la presión hidráulica aplicada.

Como mínimo, el aparato de medición debe tener lo siguiente:

- Mordazas, para sujetar firme y uniformemente la probeta entre las dos superficies anulares, planas y paralelas, que deben ser lisas (pero no pulidas) y con ranuras. Una de las placas de sujeción debe estar montada en una articulación giratoria o en un dispositivo similar, de tal manera que asegure que la presión de sujeción se reparte homogéneamente.
- Diafragma, circular, de goma natural o sintética, sin cargas, sujeta de forma segura, con su superficie externa, cuando está en reposo, aproximadamente 3,5 mm por debajo respecto al plano externo de la placa de montaje del diafragma.
- Sistema hidráulico, para aplicar una presión hidráulica creciente en el interior del diafragma, hasta que la probeta estalle.
- Sistema medidor de presión, para medir la resistencia al estallido.

Expresión de los resultados

Se calcula la resistencia al estallido media, p, en kilopascales, al kilopascal más próximo.

Se calcula la desviación estándar de los resultados.

El índice de estallido, x, expresado en kilopascales metro cuadrado por gramo ($kPAm^2/gr$), puede calcularse a partir de la resistencia al estallido mediante la fórmula:

$x = p/g$

Donde

- p es la resistencia al estallido media, en kilopascales (kPa)
- g es el gramaje del papel, en gramos por metro cuadrado (gr/m^2), determinado según la Norma UNE-EN ISO 536.

Se calcula el índice de estallido con tres cifras significativas.

El equipo para Ensayos de Estallido IDM test Mod. EM50 (Fig 11.), ha sido especialmente diseñado para realizar ensayos de resistencia al estallido de papeles y cartones principalmente, aunque encuentran también su aplicación en el ensayo de otros tipos de materiales, tales como tela, film plástico, papel de aluminio, etc.

El ensayo consiste en medir la resistencia que opone una probeta de papel o cartón al estallido. Para ello la probeta se coloca sobre una membrana circular elástica de caucho y se sujeta rígidamente en su parte periférica, dejando libre la parte central, para que pueda expandirse, combándose con ello la membrana. Se bombea entonces un fluido hidráulico (glicerina), a velocidad constante, expandiéndose la membrana hasta que rompe la probeta. La resistencia al estallido de la probeta ensayada es el valor máximo que alcanza la presión hidráulica aplicada.

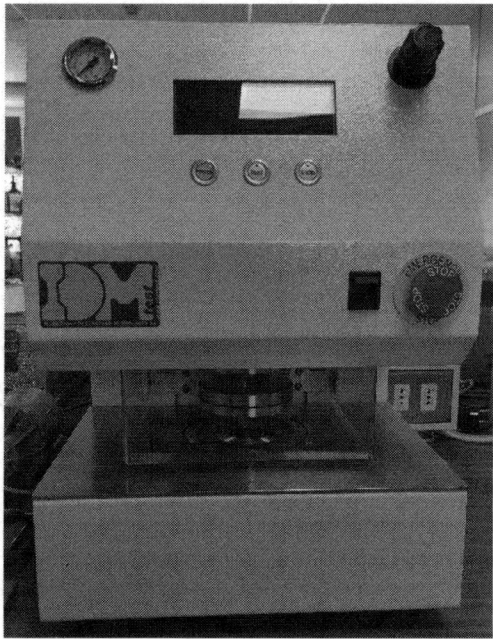

Figura 11.- Eclatómetro Equipo para Ensayos de Estallido IDM test Mod. EM50.

Metodología

1. Colocación de mordazas y la membrana según el tipo de papel.
2. Configuración del modo de funcionamiento correspondiente al material a ensayar.
3. Ajustar la presión de 2-3 Bar para papel y para cartón: 3-5 Bar.
4. Una vez colocados los elementos para realizar el ensayo. Lo único que debemos hacer es colocar la muestra entre las mordazas y pulsar test. Se toman 10 mediciones por la cara fieltro y la cara tela.

Estadillo para la determinación de la fuerza de reventamiento del papel

Nº	Cara tela	Cara fieltro
1		
2		
3		
4		
5		
6		
7		
8		
9		
10		
Media		
Desviación típica		
CV		

2.6.- Resistencia al desgarro

El desgarro del papel es el resultado de la aplicación de un esfuerzo perpendicular a su plano. Este es el tipo de esfuerzo que se realiza para romper una hoja de papel con las manos. La determinación de la resistencia a este tipo de solicitación se suele realizar en todo tipo de papeles. El ensayo con que se determina la resistencia al desgarro es dinámico pues en él no se mide la fuerza o una presión actuante, sino un trabajo. Efectivamente el esfuerzo es producido por un péndulo en caída libre desde una determinada cota. Parte de la energía potencial del péndulo en su posición inicial se invierte en desgarrar el papel en forma de trabajo, y el sobrante en elevar de nuevo el péndulo. Por diferencia entre elevaciones final e inicial se obtiene el trabajo invertido en el desgarro. Se suele trabajar con el índice de desgarro, resultado de dividir el trabajo entre el gramaje.

2.6.1.- Desgarrómetro

Se emplea un aparato tipo Elmendorf (Fig. 12 y 13) que posee dos mordazas para sostener la probeta. Una de ellas está unida a un péndulo que puede oscilar libremente alrededor de un eje horizontal merced a un rodamiento de bolas. La otra está solidariamente unida al soporte del aparato. Un dispositivo permite mantener el péndulo en posición levantada y liberarlo instantáneamente, registrando la amplitud de la oscilación. Esta amplitud será tanto más débil cuanto mayor sea el trabajo absorbido por el papel para su desgarro.

El aparato lleva una escala graduada en unidades de energía "g.cm" ("gramos fuerza" por centímetro) por lo tanto la lectura nos da el trabajo absorbido, energía absorbida en g de fuerza por 1 cm de desgarro. Si deseamos utilizar unidades del SI tendríamos que pasar a N.m, para lo que habría que dividir los gramos fuerza entre 1000 para pasar a kp, multiplicar por 9,8 para pasar a N y por último dividir entre 100 para pasar los cm a m, en total sería multiplicar por 9,8 $\times 10^{-5}$. Como el resultado obtenido en unidades del SI es muy reducido (muchos decimales), vamos a mantener las unidades del equipo "g.cm".

Al principio del ensayo con el péndulo en posición levantada, las mordazas deben estar en el mismo plano, separadas 2,5 mm. Una cuchilla entre ellas permite hacer una entalladura en el paquete de probetas a ensayar, desde el borde inferior hasta 4 mm por encima del borde superior de las mordazas.

Figura 12.- Péndulo de desgarro. De izquierda a derecha: Posición inicial de ensayo con el péndulo arriba y la probeta de ensayo en las mordazas, practicando el corte o incisión inicial. En el centro lanzamiento del péndulo y desgarro de la probeta. A la derecha fin del recorrido del péndulo.

El procedimiento queda recogido en la norma UNE-EN ISO 1974 y sigue las etapas siguientes:

1. Cortar 4 probetas rectangulares de 50 x 60 mm de cada dirección de fibra y cada tipo de papel a ensayar, con tijeras o con ayuda de una guillotina especial. Las 4 probetas se ensayarán juntas, es decir se hace una probeta con 4 hojas.

2. Poner el aparato en un plano correcto con ayuda del nivel.

3. Verificar la posición del centro de gravedad.

4. Regular el aparato de manera que indique 0 en un ensayo de caída libre.

5. Armar el péndulo de manera que las dos mordazas tengan igual alineación.

6. Poner el aparato en la posición de partida.

7. Colocar las probetas centradas entre las dos mordazas, apretar éstas y dar el corte inicial con la cuchilla.

8. Soltar el péndulo con el disparador y mantenerlo pulsado un par de ciclos. A continuación, soltar el disparador poco a poco, para que el péndulo no frene bruscamente.

9. Leer el valor indicado en la escala y anotarlo. Como se trata de una medida en un paquete de 4 probetas juntas, el valor final se habrá de dividir entre 4 si queremos referirlo a una sola hoja.

Si la lectura no corresponde a un número de divisiones de la escala comprendido entre 20 y el 70%, modificar el número de hojas del paquete hasta que esto ocurra.

Despreciar los resultados cuando la línea de desgarre se desvía más de 10 mm de la dirección del corte inicial.

El número de determinaciones será de al menos 1 en cada sentido por persona (sentido fibra y contra-fibra). Si se desea relacionar el resultado con el gramaje, la norma permite el cálculo del índice de desgarro, tal y como se muestra en la ecuación adjunta:

$$I_d = \frac{T}{w}$$

Donde Id es el índice, T el trabajo medido en el péndulo y w el gramaje.

Se obtendrán las resistencias al desgarro (trabajos) o los índices de desgarro en los dos sentidos indicando las lecturas medias de todos los datos obtenidos y compartidos de la sesión práctica, así mismo se obtendrán las desviaciones típicas y coeficientes de variación.

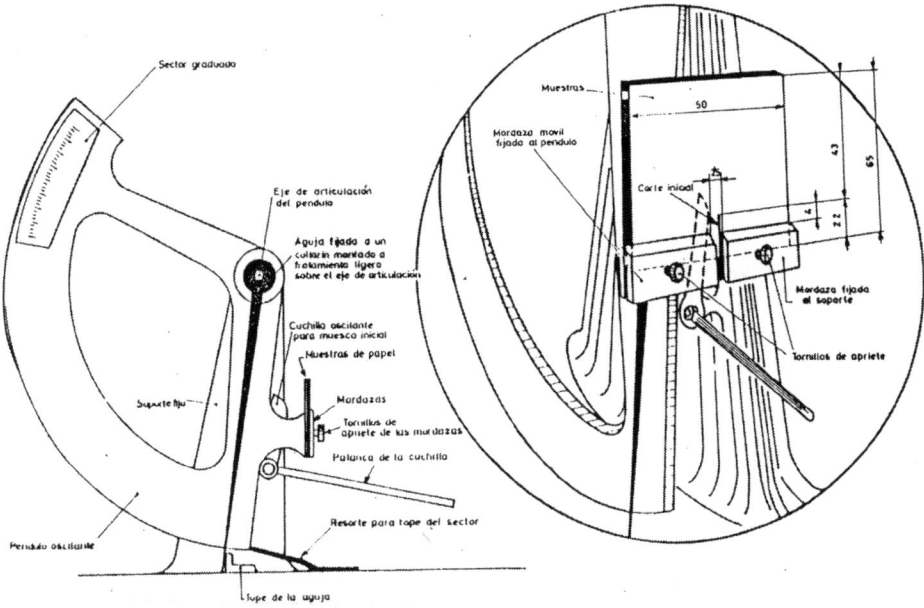

Figura 13.- Péndulo de desgarro. De izquierda a derecha: Detalle de la posición inicial de ensayo. Elementos del equipo y detalle de las mordazas.

2.7.- Resistencia al plegado

Cuando se fabrica un papel que se va a emplear en mapas, billetes de banco u otros usos similares, es preciso que soporte muchos doblados en ambos sentidos y por la misma línea sin romperse. Se realiza en estos casos un ensayo que permite adelantar el número mínimo de estos pliegues que va a soportar en buenas condiciones. Así se define como doble pliegue el proceso de doblar por el mismo lugar una probeta primero en un sentido y a continuación en otro. El principio del ensayo es doblar repetidamente una tira de papel en ambos sentidos por el mismo punto, mientras está sometida a una carga constante en su sentido longitudinal, hasta su rotura por fatiga.

Se convierte este ensayo por ello, en una modificación del ensayo de tracción hasta el punto de que en algunos laboratorios se considera como índice del valor de la pérdida de resistencia a tracción de una probeta cuando es sometida a un determinado número de dobles pliegues. La norma UNE 57.054 considera el método descrito en primer lugar, es decir el doble plegado hasta rotura por fatiga, definiendo como índice comparativo el logaritmo decimal del número de dobles pliegues, pues la resistencia relativa al plegado de diferentes papeles se indica mejor cuando sus valores se expresan logarítmicamente.

2.7.1.- Plegámetro

La norma anteriormente citada no especifica el aparato ni las condiciones del ensayo, por lo que se puede utilizar cualquiera de los existentes en el mercado, aunque se debe citar obligatoriamente en el informe. En esta práctica se empleará el plegámetro ARMOMIC. Este equipo emplea como probetas, tiras de papel de 15 mm de anchura y de 105 mm de longitud. Consta de 4 pequeños cilindros verticales y de una placa plana metálica que sujeta el papel y lo pliega mediante un movimiento de vaivén entre los cilindros (Fig. 14), de esta forma el papel es doblado en uno y otro sentido repetidamente. El recorrido de la placa es de 20 mm y la velocidad de 125 dobles pliegues por minuto. Durante el ensayo, la tira de papel se mantiene traccionada por dos mordazas, una en cada extremo, que la sujetan y la fijan (Fig. 14).

Para el empleo del equipo se efectuarán las siguientes operaciones:

1. Levantar la tapa de plástico.
2. Desbloquear y liberar la tensión de las mordazas del aparato levantando los botones de la parte superior.
3. Colocar la muestra de papel entre las mordazas, asegurándose de que queda bien centrada y cerrando bien las mismas.
4. Tensar la muestra tirando de los vástagos laterales.
5. Comprobar que el contador está a cero y encender el interruptor general.
6. Esperar la rotura de la muestra, leer el número de dobles pliegues y obtener el logaritmo decimal.
7. Para preparar el siguiente ensayo liberar la tensión de las mordazas de nuevo, soltar la probeta rota y fijar la placa de plegado en el centro poniendo en marcha el equipo y girando la rueda de fijación, una vez colocada la placa apagar el interruptor y poner el contador a cero.

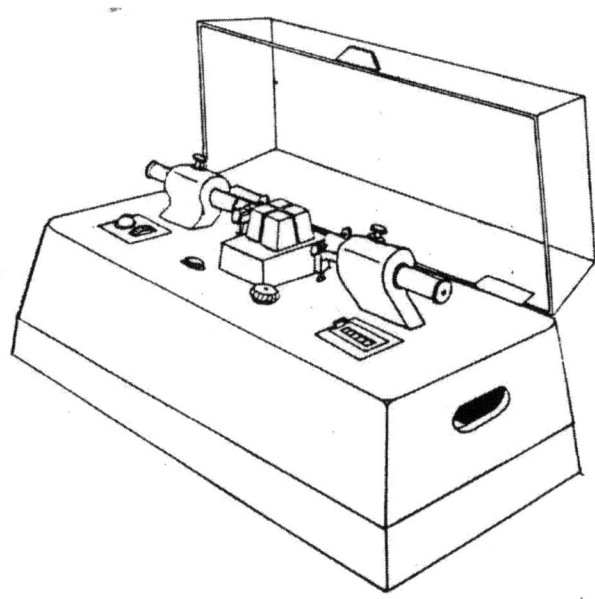

Figura 14.- Plegámetro ARMONIC. Arriba, esquema general del equipo y sus componentes. Abajo, de izquierda a derecha: Vista general del portaprobetas y la zona de plegado y detalle de los cilindros y la placa de plegado en su movimiento de desplazamiento y sus posiciones extremas, plegado completo.

Se cortarán y ensayarán por persona 2 probetas de 15x105 mm en cada sentido de la fibra (fibra, contra-fibra). Una vez dispongamos de la tabla general de resultados compartidos se calcularán los valores medios, desviación típica y coeficiente de variación comentando estos resultados y discutiendo en su caso la influencia del tipo de papel o de fibra utilizado, como en los demás ensayos.

2.8.- Resistencia a la flexión - Rigidez

Este ensayo especifica un método para la determinación de la resistencia a la flexión utilizando el método por resonancia según la Norma UNE-ISO 5629.

El principio es determinar, en condiciones normalizadas, la longitud de resonancia vibratoria de una probeta sujeta en un extremo para calcular la resistencia a la flexión a partir de este valor y el gramaje del material.

Este método proporciona un único resultado para cada probeta ensayada. Con este método se puede medir la resistencia a la flexión de una amplia gama de papeles y cartones. Este método no es aplicable a los cartones ondulados.

Equipos:

- Sistema de sujeción.
- Dispositivo de vibración de la mordaza a una frecuencia de 25,0 Hz ± 0,1 Hz.
- Dispositivo de medición de la longitud de la probeta, que sobresale del borde superior de la mordaza.
- Lámpara estroboscópica, para iluminar el borde superior de la probeta.

Componentes opcionales

- Lupa
- Mordaza inferior móvil. Esta mordaza se puede acoplar adecuadamente a un dispositivo de medición, lo que permite leer la longitud resonante directamente en una escala.

Procedimiento

Gramaje

Se pesa cada probeta con una precisión de ± 0,001 g. Se marca cada probeta para que la masa de la probeta y la longitud resonante puedan relacionarse posteriormente.

Longitud de resonancia

Se coloca en el aparato una probeta en forma de tira de 15 mm de ancho y se le somete a vibración de frecuencia conocida. La longitud de probeta libre se ajusta manualmente de forma que se consiga una máxima amplitud en la vibración. La longitud se lee en la escala graduada del aparato. Se trata de la longitud de resonancia, con la que se puede conocer la rigidez.

El rigidímetro (Fig. 15) posee un fleje vertical de acero cuyo extremo inferior es fijo con el aparato, y vibra transversalmente con una frecuencia de 25 Hz. Una mordaza fijada a la base de este fleje transmite su vibración a la muestra de papel, por lo que éste vibra con la misma frecuencia. Una segunda mordaza, manejada por un mando y una cremallera hace que la muestra deslice en ella, permitiendo variar la longitud libre. Para aumentar la precisión se dispone de una lente planoconvexa.

Se sigue el procedimiento descrito anteriormente para determinar la longitud de resonancia de diez probetas en cada una de las direcciones deseadas.

Expresión de resultados

La resistencia a la flexión, S, expresada en newton metros (N*m), se da individualmente para cada probeta mediante la fórmula:

$$S = 3{,}19 \cdot g \cdot f^2 \cdot L^4$$

donde

g es el gramaje de la muestra, en g/m^2

f es la frecuencia de la vibración en Hz (25 Hz)

L = Longitud propia de resonancia en mm

Para facilitar el cálculo se adjunta una tabla de doble entrada que reporta para cada valor de L el producto $3{,}19\, f^2 L^4$, siendo suficiente entonces multiplicar por el gramaje. Igualmente se adjunta un ábaco que proporciona la rigidez con la longitud y el gramaje.

L (mm)	0	1	2	3	4	5	6	7	8	9
10	0, 0020	0,00293	0,00415	0,00571	0,0768	0,0101	0,0131	0,0167	0,0210	0,0261
20	0,0320	0,0389	0,0469	0,0560	0,0664	0,0781	0,0914	0,1065	0,1230	0,1415
30	0,162	0,185	0,210	0,237	0,267	0,300	0,336	0,375	0,417	0,463
40	0,512	0,565	0,622	0,684	0,750	0,820	0,895	0,975	1,06	1,15
50	1,25	1,35	1,46	1,58	1,72	1,83	1,97	2,11	2,26	2,42
60	2,59	2,77	2,96	3,15	3,36	3,57	3,80	4,03	4,28	4,53
70	4,80	5,08	5,38	5,68	6	6,33	6,67	7,03	7,40	7,79
80	8,19	8,61	9,04	9,49	9,96	10,45	10,95	11,45	12	12,55
90	13,1	13,7	14,35	14,95	15,6	16,3	17	17,7	18,45	19,2
100	20,0	20,8	21,7	22,5	23,4	24,3	25,3	26,2	27,2	28,2
110	29,3	30,4	31,5	32,6	33,8	35	36,2	37,5	38,8	40,1
120	41,5	42,9	44,3	45,8	47,3	48,3	50,4	52	53,7	55,4
130	57,1	58,9	60,7	62,6	64,5	66,4	68,4	70,5	72,5	74,7
140	76,8	79,1	81,3	83,6	86	88,4	90,9	93,4	96	98,6
150	101	104	107	109,5	112,5	115,5	118,5	121,5	125	128
160	131	134,5	138	141,5	145	148	152	155,5	159	163
170	167	171	175	179	183,5	187,5	192	196,5	201	205
180	210	215	220	224	229	234	240	245	250	255
190	260	266	272	277	283	289	295	301	307	313
200	320	327	333	340	347	353	360	367	374	382
210	389	396	404	412	419	427	436	444	452	460
220	469	477	486	495	504	513	522	531	541	550
230	560	570	580	590	600	610	621	630	642	653
240	664	675	686	697	709	721	733	745	757	769
250	781	794	807	820	833	846	859	875	887	900
260	914	929	943	958	972	986	1002	1017	1035	1050
270	1065	1080	1095	1110	1130	1145	1160	1180	1195	1215
280	1230	1250	1265	1285	1300	1320	1340	1360	1375	1395
290	1415	1435	1455	1475	1495	1515	1535	1555	1580	1600
300	1620	1640	1665	1685	1710	1730	1755	1775	1800	1825

Tabla 4. Productos 3,19 $f^2 l^4$ para rigidímetro por resonancia. R=lectura*gramaje/100 (mN*m)

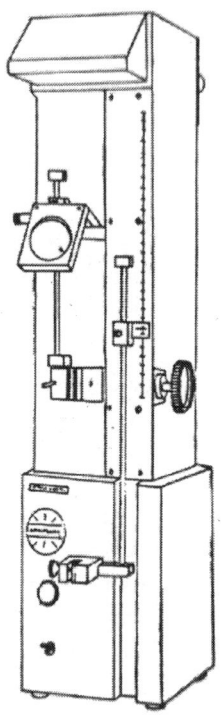 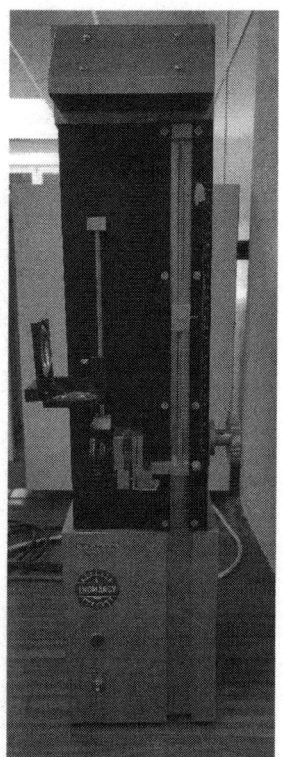

Figura 15.- Rigidímetro de resonancia

Estadillo de ensayo de rigidez

Nº	SM			ST		
	Gramaje	Lectura	R	Gramaje	Lectura	R
1						
2						
3						
4						
5						
6						
7						
8						
9						
10						
Media						
Desviación Típica						
CV						

2.9.- Lisura, dureza y porosidad

2.9.1.- Lisura

Esta parte de la norma internacional especifica el método para la determinación de la rugosidad del papel y cartón empleando los aparatos Bendtsen (Fig. 16).

Esta parte de la Norma ISO 8791 es aplicable a papeles y cartones que tengan valores de rugosidad Bendtsen comprendidos entre alrededor de 5 ml/min y 3 000 ml/min cuando se mida en equipos de caudalímetros de sección variable.

No es adecuado para papeles blandos que permitan que el anillo del cabezal de medición produzca una significativa impresión en la superficie o para los papeles de alta permeancia que permitan un paso significativo de aire a través de las hojas o para papeles que no permanezcan planos bajo el anillo del cabezal de medición.

Se fija la probeta entre una superficie plana y el anillo del cabezal de medición. Se suministra aire a una presión nominal de 1,47 kPa al espacio incluido entre el anillo y la probeta y se mide el caudal de aire que se escapa entre el anillo y la probeta.

Equipos de ensayo:

- Aparato de ensayo Bendtsen, tipo de caudalímetro de sección variable. Se crea una diferencia de presión estándar a través del anillo del cabezal de medición, y el caudal de aire se mide en un caudalímetro de sección variable. El aparato Bendtsen está diseñado en los países escandinavos para medir lisura, porosidad y dureza de un papel. Consta de los elementos siguientes:
  - o Un compresor capaz de proporcionar aire exento de aceites y otras materias extrañas.
  - o Un regulador de presión consistente en un cilindro giratorio que con su peso restringe el paso del aire por encima de una presión dada.
  - o Un medidor de caudal de aire (caudalímetro), que posee 3 tubos con sus 3 rotámetros para medir en distintas escalas.
  - o Un dispositivo para enviar el flujo de aire a una u otra de las tres escalas.
  - o Un dispositivo de medición de porosidad.
  - o Un cabezal con cuchilla para medir la lisura y la dureza.
  - o Un dispositivo que envía el aire a uno u otro terminal.
- Placa plana pulida, preferentemente cristal, empleada para comprobar la fuga de aire y sobre la que se apoya la probeta para ser ensayada.
- Peso de metal, anillo de metal pesado, u otro peso adecuadamente diseñado, para mantener plana la probeta alrededor del anillo de medición.

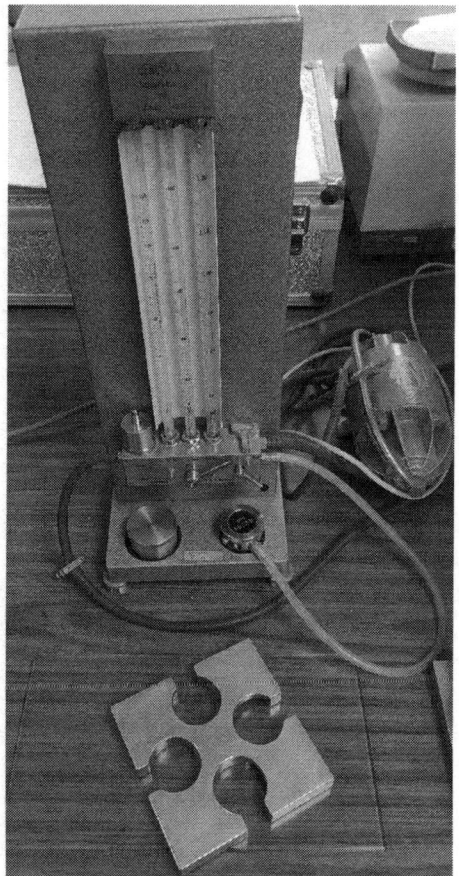

Figura 16.- Instrumento BENDTSEN

Preparación de las probetas

Se cortan al menos 10 probetas de cada superficie a ensayar. El tamaño mínimo de cada probeta debe ser de 75 mm x 75 mm y sus superficies deben estar identificadas, por ejemplo, cara tela o cara fieltro.

La superficie a ensayar debe estar exenta de pliegues, arrugas, poros, marcas al agua o defectos normalmente no inherentes al papel o cartón. No se toca con las manos la superficie de ensayo de la probeta.

Procedimiento operatorio

Se sitúa el instrumento en una bancada o mesa rígida y nivelada. Se nivela el equipo, se asegura que ninguna vibración cause lecturas erróneas y se conecta el suministro de aire.

Se selecciona aquel caudalímetro de sección variable que se usará para el ensayo, eligiendo, cuando sea posible, el que proporcione una lectura situada en el 80% de la parte superior de la escala, con el peso manostato de 1,47 kPa.

El terminal que se emplea para medir la lisura y la dureza posee una cuchilla de acero en forma cilíndrica que se apoya en el papel. Si éste es muy rugoso habrá muchos huecos bajo la cuchilla por los cuales puede pasar el flujo de aire, cuyo caudal será muy alto. Por el contrario, si el papel es muy liso, el contacto entre la cuchilla y el papel se producirá casi en todo lo largo de ella, dejando poco espacio por lo que el caudal será bajo.

Para utilizar el aparato Bendtsen se deben cumplir las instrucciones siguientes:

1. Poner en marcha el compresor.
2. Colocar el regulador en su eje, dándole un pequeño impulso de giro.
3. Comprobar que la palanca selectora de función esté en el lugar elegido.
4. Colocar la muestra en el cabezal deseado.
5. Observar cuál es el rotámetro que queda dentro de su propia escala. Su parte superior es la línea que se emplea para medir.
6. Una vez realizados los ensayos, retirar con cuidado el regulador de presión de su eje y desconectar el aparato.

Para medir lisuras se coloca la muestra sobre la placa de vidrio, cubriéndola con la matriz de cuatro posiciones. Seguidamente se coloca el cabezal de cuchilla sobre el papel en cada una de las cuatro posiciones sucesivamente, cuidando de que la goma no se doble y con sumo cuidado, pues el escaso espesor de la cuchilla hace que se estropee fácilmente. De esta forma se obtienen 4 mediciones cuyo valor medio será la lisura de la probeta. Se repite el procedimiento para las restantes probetas para cada cara que se ensaye. Cuando no se esté utilizando, el cabezal deberá descansar en el lugar previsto para él en el aparato. Para cada ensayo se obtendrán los valores medios, las desviaciones típicas y los coeficientes de variación.

Después de terminadas las mediciones se retira el peso manostato y entonces se detiene el suministro de aire.

Expresión de los resultados

Para cada cara ensayada se calcula la media de las lecturas del caudal medido en ml/min, con tres cifras significativas.

Para cada cara ensayada se calcula la desviación típica o el coeficiente de variación con dos cifras significativas para valores inferiores a 10 ml/min y al entero más próximo para los valores igual o superiores a 10 ml/min.

Estadillo de ensayo de lisura

Nº	Lisura	Cara→						
	Lecturas					Lect Media	Factor	Lisura
	1	2	3	4				
1								
2								
3								
4								
5								
6								
7								
8								

9						
10						
Media						
Desviación típica						
CV						

2.9.2.- Dureza

La dureza se mide por medio de la diferencia de caudales al colocar la cuchilla sobre el papel y al colocar la cuchilla más una determinada carga. Cuanto más duro sea el papel, la cuchilla se hundirá menos, siendo menor la diferencia de caudales.

El ensayo se realiza con el aparato Bendtsen, operando de la misma forma que en la medición de la rugosidad, salvo que sobre el cabezal se coloca una pesa normalizada, que hace que el anillo penetre más o menos en la superficie del papel. Contra más blando sea el papel, mayor será la penetración del anillo y menor la cantidad de aire que dejará pasar.

El Índice de Dureza (ID) en tanto por ciento se expresa como la media de los valores obtenidos por ambas caras, según la expresión:

ID=100* Lisura con presión/lisura sin presión (%)

Estadillo ensayo dureza

Nº	Lisura sinpresión cara A	Lisura con presión cara A	Dureza cara A	Lisura sin presión cara B	Lisura con presión cara B	Dureza cara B
1						
2						
3						
4						
5						
6						
7						
8						
9						
10						
Media						
Desviación típica						
CV						

2.9.3.- Porosidad

Esta parte de la Norma ISO 5636 especifica el método Bendtsen para la determinación de la permeancia al aire de papel y cartón utilizando el aparato Bendtsen.

No es adecuado para materiales de superficie rugosa que no se pueden fijar de forma segura para evitar fugas.

La porosidad se mide por el caudal de aire que atraviesa una superficie dada de papel por unidad de tiempo. Así pues, el cabezal de medir porosidades lo que hace es obligar al flujo de aire a atravesar el papel para salir al exterior por medio de una pequeña prensa anular conectada al flujo de aire. Es decir, se basa en la medida del flujo de aire que atraviesa el papel cuando es forzado a pasar por una superficie determinada con una presión controlada.

Términos y definiciones

Permeancia al aire: Caudal medio de aire que pasa a través de la unidad de superficie bajo una diferencia de presión de una unidad y en una unidad de tiempo, en condiciones especificadas.

NOTA 1 La permeancia al aire se expresa en micrómetros por pascal segundo [1 ml/m^2*Pa*s)=1 µm/(Pa*s))

NOTA 2 Esta propiedad se llama permeancia al aire, y no permeabilidad al aire, ya que se refiere a una propiedad de la hoja y no está normalizada con respecto al espesor para dar una propiedad del material por unidad de espesor

Fundamento del método

Se sujeta una probeta entre una junta circular y una superficie plana anular de dimensiones conocidas. La presión absoluta del aire en una cara de la superficie de ensayo de la probeta es equivalente a la presión atmosférica y la diferencia de presión entre las dos caras de la probeta se mantiene a un valor pequeño, sustancialmente constante, durante el ensayo. Se determina el caudal de aire a través del área de ensayo en un tiempo especificado.

Aparatos

- Aparato Bendtsen, véase la Figura 16, que consta de un compresor y un depósito de estabilización de presión para suministrar aire, un caudalímetro con un dispositivo de control de presión y un cabezal de medición.
- Placa no porosa plana

Preparación de las probetas

Se cortan al menos 10 probetas y se identifican sus dos caras, por ejemplo, cara 1 y cara 2. La zona de ensayo debe estar libre de pliegues, arrugas, agujeros, marcas al agua o defectos no inherentes a la muestra. No se toca la parte de la probeta que se convertirá en parte de la zona de ensayo. Un tamaño adecuado de probeta es de 100 mm x 100 mm. Si las medidas de las permeancias al aire en las dos caras son significativamente diferentes y se requiere esta diferencia para expresarla en el informe de ensayo, se requieren 10 ensayos por cada cara.

Procedimiento operatorio

Se ensayan un mínimo de 10 probetas, cinco con la cara 1 hacia arriba y cinco con la cara 1 hacia abajo.

Se comprueba que la lectura del caudal de aire obtenido con la placa no porosa fijada en el espacio de medición es cero.

Se coloca una probeta en el espacio de medición y se anota la lectura del caudalímetro al menos 5 s después de la fijación, en ml/min. Se repite el procedimiento para las probetas restantes.

Cálculo de la permanencia al aire

Se calcula la permeancia al aire, P en micrómetros por pascal segundo, con tres cifras significativas, a partir de la ecuación (1):

P=0,0113*q (1)

donde q es la media del caudal de aire, en mililitros por minuto, que pasa a través de la zona de ensayo de 1 000 mm^2 a una presión de 1,47 kPa en el cabezal de medición.

Si se requiere, se calcula la permeancia media al aire para cada cara por separado. Si las medias para las dos caras son significativamente diferentes (más de 10%), se requieren 10 ensayos para cada cara.

Informe de los resultados

Se expresan los resultados con tres cifras significativas.

Si la permeancia al aire medida en las dos caras son significativamente diferentes (más de 10%) y si se requiere esta diferencia para indicarla en el informe del ensayo, se expresan las medias para las dos caras por separado. Si no, se calcula el valor medio de las mediciones por las dos caras.

Desviación estándar y coeficiente de variación. Si se requiere la desviación estándar o el coeficiente de variación, se calcula a partir de las mediciones del caudal de aire y se corrige para micrómetros por pascal segundo utilizando la ecuación (1).

Si se expresan por separado los resultados de las dos caras, se calculan las desviaciones estándar o los coeficientes de variación para las dos caras por separado.

Estadillo del ensayo de porosidad

Nº	Lectura	Porosidad Factor	Porosidad
1			
2			
3			
4			
5			
6			
7			
8			
9			
10			
Media			
Desviación típica			
CV			

2.10.- Características ópticas

2.10.1.- Blancura

Este ensayo según Norma ISO 2470 especifica un método para la medición del factor de reflectancia difusa en el azul (blancura ISO) de pastas papeles y cartones.

Esta parte de la Norma ISO 2470 está limitada en su campo de aplicación a pastas papeles y cartones blancos o casi blancos. La medición sólo se puede hacer en un instrumento en el que el nivel de energía ultravioleta de la iluminación ha sido ajustado para corresponder al iluminante C de CIE usando un patrón de referencia fluorescente.

La definición de blancura ISO esta históricamente vinculada al instrumento Zeiss Elrepho que tiene, como fuente de luz, una lámpara incandescente que excita la fluorescencia sólo de forma limitada. Se especifica aquí que, en instrumentos de tipo espectrofotómetro compacto o colorímetro de filtro, el contenido UV de la iluminación se ajusta para adaptarse al iluminante C de CIE tal y como se define por un patrón de referencia fluorescente que tiene un valor asignado de blancura ISO. Solamente si esto se hace, la propiedad medida en un material fluorescente se puede llamar blancura ISO.

Para este ensayo, se aplican los siguientes términos y definiciones:

- factor de radiancia, β:

Relación entre la radiancia de un elemento de superficie de un cuerpo en la dirección delimitada por un cono dado con su vértice en el elemento de superficie, y la del difusor de reflectancia perfecta bajo las mismas condiciones de iluminación.

NOTA Para materiales fluorescentes (luminiscentes) el factor total de radiancia β es la suma de dos términos, el factor de radiancia reflejada β_S, y el factor de radiancia luminiscente β_L de forma que

$\beta = \beta_S + \beta_L$

Para materiales no fluorescentes el factor de radiancia reflejada β, es numéricamente igual al factor de reflectancia R

• factor de radiancia [reflectancia] difusa, R:

Relación en % entre la radiación reflejada y emitida por un cuerpo y la reflejada por el difusor de reflectancia perfecta bajo las mismas condiciones de iluminación y detección perpendicular.

NOTA 1 La relación se expresa a menudo como porcentaje

NOTA 2 El factor de radiancia difusa (reflectancia) está influido por el soporte si el cuerpo es traslúcido

• factor de radiancia [reflectancia] intrínseca, $R\infty$:

Factor de radiancia [reflectancia] difusa de una capa o paquete de material suficientemente grueso como para ser opaco, es decir tal que incrementando el espesor del paquete doblando el número de hojas el resultado es que no cambia el factor de radiancia [reflectancia] medido.

NOTA El factor de radiancia (reflectancia) de una sola hoja no opaca depende del soporte y no es una propiedad del material

- blancura ISO, R_{457}

Factor de radiancia [reflectancia] intrínseca medido con un reflectómetro, equipado con un filtro o función equivalente, que proporcione una longitud de onda efectiva de 457 nm y un ancho medio de banda de 44 nm, y ajustado de manera que el contenido UV de la radiación incidente sobre la probeta corresponda con la del iluminante C de CIE.

El deflector difusor perfecto se toma por convenio. Se considera que lo es el óxido de magnesio MgO en forma de polvo prensado. Es decir, que se considera que una pastilla de este material refleja el 100% de la luz que sobre él incide.

Para el calibrado de los fotómetros se suele emplear otro producto más barato y manejable, siempre que se conozca exactamente su factor de reflectancia. Es el caso del sulfato de bario, cuya reflectancia oscila entre el 96 y el 100% de la del óxido de magnesio.

Debido a que las pastillas de sulfato de bario comprimido se rayan con gran facilidad y amarillean con el tiempo deben de guardarse en un lugar seco, obscuro y protegido. Con el fin de proteger estos patrones se utilizarán otros patrones de trabajo, de vidrio opalino, que deberán ser contrastados periódicamente con los patrones de sulfato de bario. A estos patrones se les llama "patrones de trabajo".

Principio del método

Una probeta se ilumina de forma difusa en un instrumento estándar y la luz se refleja perpendicularmente a la superficie pasa o bien a través de un filtro óptico definido y después es medida por un fotodetector o bien es medida por una matriz de diodos fotosensibles, donde cada diodo responde a una longitud de onda efectiva diferente. La blancura entonces se determina directamente por la salida del fotodetector o mediante cálculo desde las salidas de los diodos fotosensibles usando la función de ponderación apropiada.

Equipos

Fotómetro Elrepho:

- Reflectómetro de filtro, en el que la radiación incidente sobre la probeta tiene un contenido UV correspondiente al del iluminante C de CIE.
- Este es un aparato que funciona con luz difusa. Para su obtención se emplea un dispositivo denominado "esfera de Ulbritch" que por múltiples reflexiones hace difusa la luz producida por una o dos lámparas. Esta luz incide sobre la muestra y por su naturaleza se refleja en mayor o menor medida en todas direcciones. La parte que se refleja en dirección perpendicular a la muestra excita una célula fotoeléctrica, después de ser filtrada para seleccionar la longitud de onda de trabajo otra célula fotoeléctrica similar se excita con la luz existente en la esfera, tamizada por una cuña gris. La diferencia entre la corriente generada por ambas se mide en un galvanómetro y muestra, en una escala apropiada situada en un tambor, la reflectancia.
- El filtro que selecciona la longitud de onda puede ser fácilmente modificado pues está alojado en un revólver movido desde fuera. El aparato posee también un circuito de agua de refrigeración con el fin de mantener una temperatura constante en la esfera.

- Las fuentes de luz más empleadas son lámparas de tungsteno alimentadas con una tensión estabilizada que hace que la luz emitida sea constante en todas sus características, si bien se puede acoplar al aparato una fuente capaz de proporcionar energía de otras características.

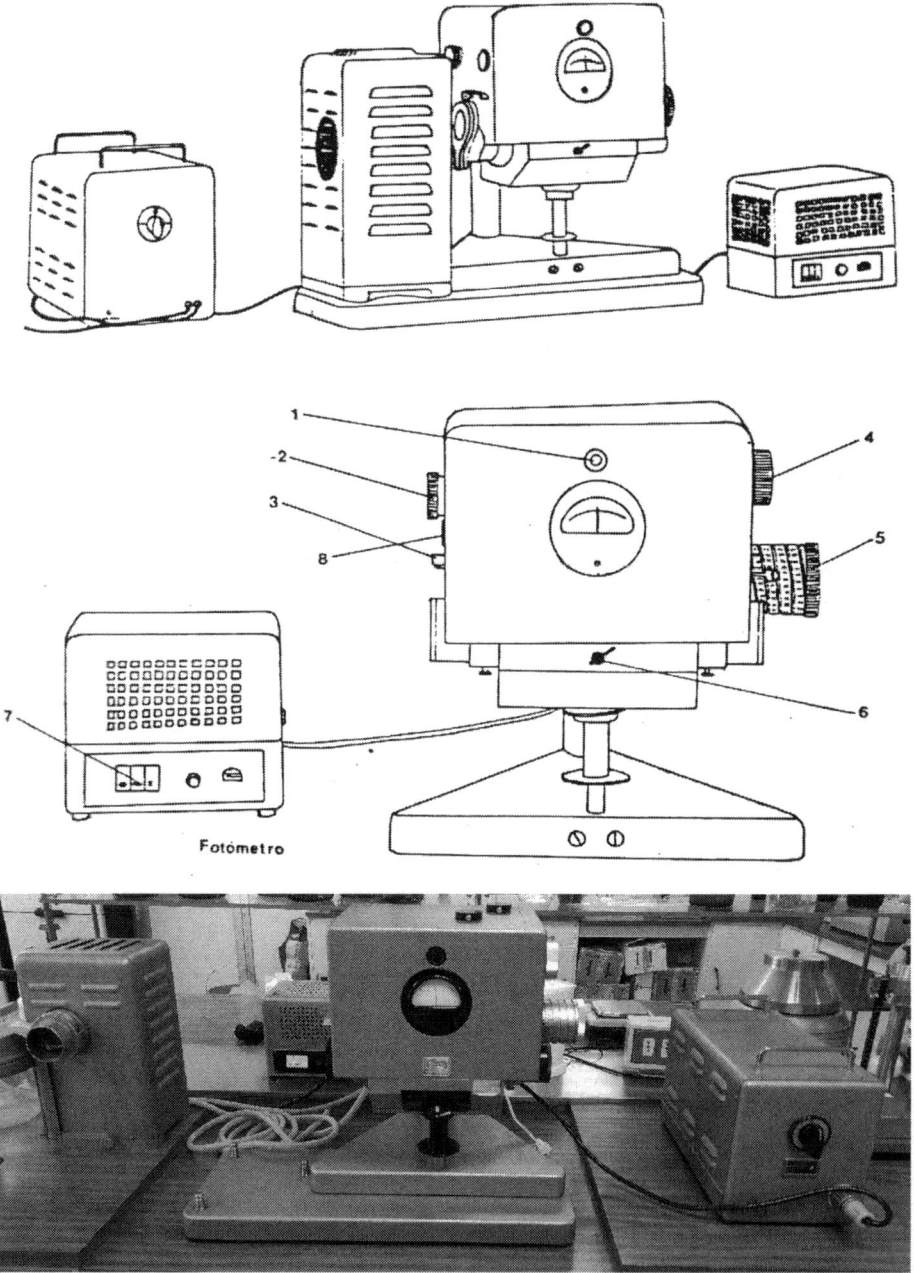

Figura 17.- Fotómetro ELREPHO. Partes del aparato: 1 Ocular 2 Filtros 3 Ajuste fino 4 Cuña gris 5 Marcador 6 Patrón 7 Interruptores 8 Ajuste cero

Patrones de referencia para calibración del instrumento y de los patrones de trabajo

- Patrón de referencia no fluorescente para calibración fotométrica.
- Patrón de referencia fluorescente para usar en el ajuste del contenido UV de la radiación incidente sobre la muestra
- Patrones de trabajo
- Dos placas de vidrio opalino plano, cerámica u otro material no fluorescente adecuado
- Plástico estable u otra lámina, que incorpora un agente blanqueante fluorescente.
- Cavidad negra, que tiene un factor de reflectancia, que no difiere de su valor nominal en más del 0,2% en todas las longitudes de onda. La cavidad negra debería ser almacenada boca abajo en un ambiente libre de polvo o con una cubierta protectora.

Preparación de las probetas

Evitando marcas de agua, suciedad y defectos obvios, se cortan probetas rectangulares de aproximadamente 75 mm x 150 mm. Se agrupan al menos 10 probetas en un paquete con las caras fieltro hacia arriba, el número debería ser tal que doblando el número de probetas no se altere el factor de radiancia. Se protege el paquete colocando una hoja adicional en la parte superior e inferior del paquete, se evita la contaminación y exposición innecesaria a la luz y el calor

Se marca la cara fieltro de la probeta en una esquina para identificar la muestra y su cara fieltro.

Si la cara fieltro puede ser diferenciada de la cara tela, ésta debe estar hacia arriba, si no, como puede ser el caso de papel fabricado en máquinas de doble tela, hay que asegurarse de que la misma cara de la hoja está hacia arriba.

Procedimiento de ensayo

1. Conectar el aparato pulsando el interruptor correspondiente.
2. Abrir el paso del agua de refrigeración.
3. Esperar unos minutos hasta que el aparato se estabilice.
4. Colocar el filtraje apropiado (filtro nº 8 longitud de onda 457 nm).
5. Con uno de los patrones de trabajo en el lugar de las muestras, colocar el tambor en el valor de reflectancia indicado antes par el filtraje empleado, y llevar con la cuña gris el galvanómetro a 0.
6. Sustituir el patrón usado por el fieltro negro (antirreflectante), poner el valor 0 en el tambor y llevar el galvanómetro a 0 con el ajuste eléctrico del mismo.
7. Comprobar y corregir si es necesario al valor del 100% como se realizó en el paso nº 5.
8. Colocar un paquete opaco de hojas superpuestas del papel a ensayar con el lado fieltro hacia arriba en el lugar de las muestras.
9. Comprobar con el visor que en la zona iluminada no aparecen defectos que varíen la lectura.
10. Mover el tambor de forma que la aguja del galvanómetro marque 0, y leer el factor de reflectancia directamente en el tambor.
11. La primera hoja se pasa al último lugar y se repite la medición con todas las hojas hasta que se haya dado la vuelta a toda la pila.

Expresión de los resultados

Se calcula la media del factor de radiancia intrínseca y su desviación típica para cada cara requerida o la media de las dos caras, como la blancura ISO del papel, cartón o pasta, en porcentaje, con una precisión de factor de radiancia 0,5%. Si el valor medio del factor de radiancia difiere más del 0,5% y esa diferencia excede tres veces la desviación típica para mediciones repetidas de una cara dada, las dos caras deben ser identificadas y los resultados deben reportarse por separado. Si la diferencia del factor de radiancia es igual o menor que 0,5%, se debe reportar la media global.

2.10.2.- Opacidad

La norma internacional UNE-ISO 2471 especifica el método de medición de la opacidad (sobre fondo papel) del papel por reflectancia difusa.

El método descrito en esta norma es aplicable cuando se desea medir esta propiedad del papel, que rige la medida en que una hoja oscurece visualmente impresiones u hojas subyacentes de papel similar.

Puede usarse para determinar la opacidad de papeles o cartones que contengan agentes de blanqueo fluorescentes siempre que el contenido UV de la iluminación en la probeta haya sido ajustado para adecuarse al iluminante CIE C, utilizando un patrón de referencia fluorescente.

Esta norma internacional no es aplicable a papeles o cartones coloreados que incorporen colorantes o pigmentos fluorescentes.

Definiciones

- **Factor de reflectancia, R**: Relación entre la radiación reflejada por los elementos de la superficie de un cuerpo en la dirección delimitada por un cono dado, con su vértice en el elemento de superficie y la de un difusor de reflectancia perfecta bajo las mismas condiciones de iluminación.
  NOTA 1. La relación se expresa a menudo como porcentaje
- **Factor de luminancia (C); factor de reflectancia luminosa; valor Y(C/2º), R_Y**

  Factor de reflectancia o el factor de radiancia definido de acuerdo con el iluminante CIE C y la función de la eficiencia visual (λ).

  NOTA 1 La función eficiencia visual describe la sensibilidad del ojo a la luz, por lo que el factor de luminancia (C) corresponde al atributo de la percepción visual de la superficie reflectante.

  NOTA 2 Para fines de cálculo, la función V(λ) es idéntica a la función de coincidencia de colores y (λ) de CIE 1931.

  NOTA 3 El factor de luminancia (C) también se conoce como valor Y(C/2º). Antes se le denominaba factor de reflectancia luminosa.

- **Factor de luminancia de una sola hoja (C), R_0**

  Factor de luminancia (C) de una sola hoja de papel con una cavidad negra como fondo.

- **Factor de luminancia intrínseca (C), $R_∞$**: Factor de luminancia (C) de una hoja o un conjunto de hojas de un material de un espesor tal, que sea opaco, es decir, de tal forma que el aumento de espesor del conjunto doblando el número de hojas no produzca ningún cambio en el factor de reflectancia medido.

- **Opacidad (sobre fondo papel):**

Relación entre el factor de luminancia (C) de una sola hoja, R_0 y el factor de luminancia intrínseco (C), R_∞, de la misma muestra. La opacidad se expresa como porcentaje (%).

Principio

Se determinan el factor de luminancia de una sola hoja de papel sobre una cavidad negra y el factor de luminancia intrínseca del papel. La opacidad se calcula como la relación entre estos dos valores del factor de luminancia.

Equipos

- Reflectometro, que tenga las características geométricas, espectrales y fotométricas descritas en la Norma ISO 2469, calibrado de acuerdo con lo indicado en la Norma ISO 2469 y equipado para la medición del factor de luminancia (C).
- Patrones de referencia
  - Patrón de referencia no fluorescente
  - Patrón de referencia fluorescente
- Patrones de trabajo
  - Dos placas de vidrio opalino, porcelana u otro material adecuado, limpias y calibradas
- Cavidad negra

Preparación de las probetas

Se cortan probetas rectangulares de aproximadamente 75 mm x 150 mm, evitando marcas de agua, suciedad y defectos evidentes. Se reúnen en una pila al menos 10 probetas con sus caras superiores hacia arriba; el número debería ser tal que duplicando el número de probetas no se altere el factor de radiancia.

Procedimiento

1. Debido a que la muestra puede contener un agente de blanqueo fluorescente, se comprueba que el ajuste UV del instrumento se ha realizado para ajustarse a las condiciones UV (C), utilizando un patrón de referencia fluorescente.
2. Medir el factor de luminancia intrínseca R_∞ sobre la primera probeta de la pila. Se utiliza el procedimiento adecuado al instrumento, y el patrón para obtener el factor de luminancia intrínseca. Sin tocar la superficie de ensayo, se lee y se anota el valor del factor de reflectancia.
3. Se separa la probeta superior de la pila y, utilizando la cavidad negra como fondo de la probeta, se lee el factor de luminancia R_0 de la misma zona de la probeta. Se lee y se anota el valor del factor de reflectancia.
4. Se coloca la probeta ensayada al final de la pila. Se repiten las mediciones de R_∞ y R_0, desplazando la probeta superior a la parte inferior de la pila después de cada par de mediciones, hasta que se hayan realizado cinco pares de mediciones.
5. Se da la vuelta a la pila y se repite lo indicado en los apartados del 2 a 4 sobre la otra cara.

Cálculos

Empleando los valores correspondientes de R_∞ y R_0 se calcula la opacidad en porcentaje, con tres cifras significativas, separadamente para cada cara de cada probeta usando la ecuación (1)

Opacidad = $100 * (R_0/R_\infty)$

Para cada cara del papel se calculan la opacidad media y la desviación típica. Si difieren ambos valores en más del 0,2%, las caras deberían identificarse y los resultados anotarse por separado. Si la diferencia entre ambos valores es igual o menor del 0,2%; debe anotarse el promedio total.

2.10.3.- Color

Siguiendo el proceso aditivo de la CIE (1986) (Commission Internacionale de L'Eclairage) cada color viene determinado por 3 coordenadas tricromáticas, X, Y y Z correspondientes respectivamente a los 3 colores primarios, rojo, verde y azul. Las coordenadas expresan el factor de reflectancia en las 3 longitudes de onda referidas al blanco absoluto (MgO) que tendría las 3 iguales a 100. Se obtienen de la forma siguiente:

$X = 0,798R_x + 0,202R_z$

$Y = R_y$

$Z = R_z$

El hecho de que la componente tricromática X se obtenga por combinación de 2 lecturas expresa que la participación del azul en la función de valores espectrales normales queda representada por una medición con el filtro azul. Los valores numéricos de los coeficientes varían con el tipo de fuente de luz utilizada en la medición. Los expuestos corresponden a la luz de tipo C, reproducción de la luz diurna sin sus componentes UV, y que se obtienen con lámparas de tungsteno servidas por corriente de 12v.

Para que sea posible representar gráficamente el color las componentes tricromáticas se transforman en coordenadas tricromáticas según:

$x = X/ (X+Y+Z)$

$y = Y/ (X+Y+Z)$

$z = Z/ (X+Y+Z)$

Y puesto que x + y + z = 1, bastará con indicar 2 de las coordenadas para determinar las cantidades de color primario necesarias para reconstruir uno determinado. Por ello se reserva la y como medida de la luminancia y se construye el triángulo de color (ver figura). En este "triángulo cromático" se observan los colores del espectro y el punto central E que se llama acromático pues por tener sus 3 componentes iguales presenta un color negro, gris o blanco según crece la luminancia.

Para encontrar el punto correspondiente a un color de una muestra se determinan los factores de reflectancia difusa Rx, Ry, Rz en las tres longitudes de onda operando con los filtros 9, 10 y 11 respectivamente del espectrofómetro Elrepho bajo un tipo de luz C (diurna) equivalente a 6777°K funcionando el aparato con las dos lámparas a 12 voltios. Se calibra el aparato con el filtro nº 9 y un patrón de trabajo y se mide la reflectancia de la muestra con el mismo filtro. Repitiendo la operación con los otros filtros se obtienen las otras reflectancias.

Estadillo de ensayo de propiedades ópticas

Nº	Blancura	Opacidad	Cara		Color					
	MgO	Contraste	R0	Impres	Rx	Ry	Rz	X	Y	Z
1										
2										
3										
4										
5										
6										
7										
8										
9										
10										
Media										
Desviación típica										
CV										

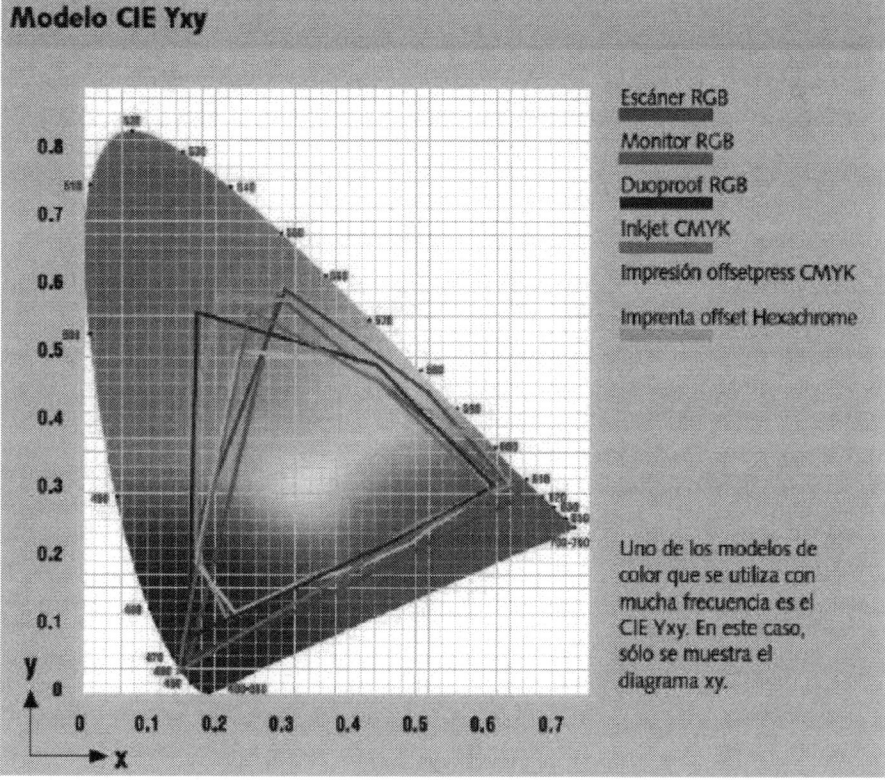

Figura 18.- Triángulo de colores C.I.E. Fuente: Cartonpedia 2022

2.11.- Refino de pastas y desgote

En el Capítulo 1.8, ya se comenta la importancia que el refino puede tener en las características de la pasta y del papel que con él se fabrique. Hay pastas que pueden emplearse sin problema tal y como se reciben en la fábrica para la formación de buenas calidades de determinados tipos de papel, pero hay otras situaciones que requieren del llamado "refino" que como vimos, modifica sus características.

Para este tratamiento se emplean unos aparatos que generan impactos contra la fibra y entre éstas, también llamados "refinos" y que funcionan según dos posibles métodos dependiendo del método de impacto, con "bolas" o con "cuchillas". Los refinos de bolas consisten en un recipiente con una o más esferas metálicas en su interior, cuya acción contra la pasta produce el efecto buscado. Por otro lado, los aparatos de cuchillas hacen pasar la pasta por un pequeño espacio entre estas y el recipiente que las contiene, con lo que se produce también el mismo o similar efecto. En general se puede decir que los refinos de bolas dan pastas con resistencias mecánicas mayores, pues en ellos la probabilidad de corte es más baja que en los refinos de cuchillas. No obstante, los resultados obtenidos con cada uno de los aparatos existentes, aunque sean del mismo tipo, bolas o cuchillas, son distintos y por ello se debe consignar en el informe el aparato de refino empleado.

Entre los refinos de bolas, muy extendidos en laboratorios, el más empleado es el refino Lampen, pues es el que proporciona pastas mejores a igualdad de las demás variables. Consta de un recipiente esférico en cuyo interior se mueve una esfera metálica. Se introduce la pasta en él y se cierra, haciendo girar el conjunto, con lo que la bola rueda sobre las paredes del recipiente, recubiertas de pasta. La intensidad del refino, es decir, la presión de la bola sobre la pasta se controla variando la velocidad del aparato.

Entre los refinos de cuchillas el más empleado hasta hace algunos años en fábricas y laboratorios, y actualmente casi reducido a los segundos, es la pila holandesa (Fig. 19).

Consta de un canal por donde circula la suspensión de pasta que tiene en la zona más ancha un cilindro de cuchillas llamado "molón", y en el fondo del canal de esa zona una pieza provista también de cuchillas llamadas "platina" que puede ejercer presión sobre la superficie del molón porque está conectada a una palanca que se puede cargar para que haga la presión necesaria. El molón gira de tal forma que al mismo tiempo que fuerza a la pasta a pasar por el espacio existente entre él y la pletina hace circular la pasta por el canal. Este aparato refina pastas a consistencias bajas, inferiores al 2% por lo que su capacidad es alta, superior a los 20 l y se emplea menos en la industria porque otros modelos le superan en rendimiento.

Figura 19.- Pila holandesa para refino en baja consistencia en laboratorio.

Para altas consistencias, superiores al 8% existe un refino de laboratorio llamado PFI. Consta de un recipiente cilíndrico y un molón similar al de la pila holandesa (Fig. 20) que giran alrededor de un eje vertical en el mismo sentido, pero a velocidades distintas.

Las paredes del recipiente son lisas y la presión entre ellas y el molón se consigue separando entre sí los ejes de giro de ambos elementos. Este es el equipo que utilizaremos en las sesiones prácticas.

Figura 20.- Molino PFI, a la izquierda inicio del refino, colocación de la pasta a una consistencia del 10%. Detalle de las aspas del molino en la parte superior, y del recipiente en la parte inferior. A la derecha resultado tras el refino.

2.11.1.- El Desgote

Hay unas pastas que por su propia naturaleza se modifican en el refino más rápidamente que otras. Igualmente, unos aparatos de refino actúan de una forma más enérgica que otros, siendo la intensidad graduable en la mayoría de los casos. Así pues el tiempo que una determinada pasta haya sido tratada en un determinado aparato no es indicativo exacto de la profundidad de las modificaciones que haya sufrido. Para poder llevar un control del grado de refino se acude al índice de desgote. Cuanto mayor sea el refino efectivo de una pasta será más difícil y lento el desgote, pues la velocidad de formación de una torta, así como la permeabilidad de la misma dependen de la longitud y estado superficial de las fibras. Ya vimos la relación entre refino y desgote en el apartado 1.8 de este libro.

El fundamento de la obtención de este índice consiste en descargar una suspensión de pasta sobre una tela metálica. Se produce el desgote, y el agua desgotada cae en un cono (Fig. 21) en cuyo fondo hay un orificio calibrado. A cierta altura sobre él hay un orificio lateral lo suficientemente ancho como para que el nivel no lo sobrepase. Si la pasta está poco refinada el desgote es lento y el orificio calibrado es suficiente para vaciar el cono, por lo que sale muy poca agua por el superior.

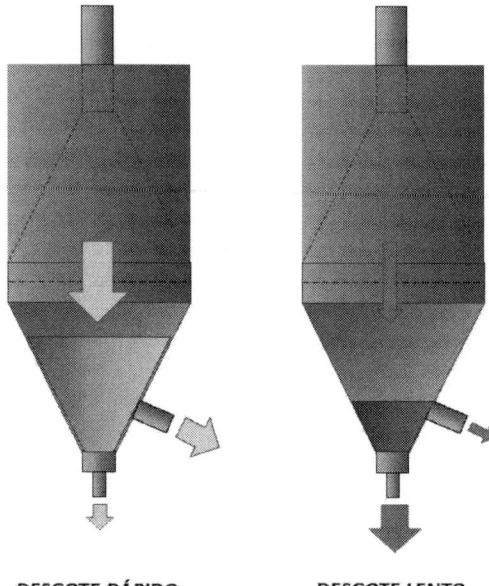

DESGOTE RÁPIDO   **DESGOTE LENTO**

Figura 21.- Esquema del equipo de medida del desgote Schopper-Riegler. La medida de la velocidad de desgote se realiza a través del volumen de agua recogido en el recipiente tarado situado a la salida de la boca lateral, más abierta que la inferior. Si el desgote es rápido (izquierda), se acumulará mucha agua en el embudo, y mucha de ella saldrá por la boca lateral, se recogerá en el recipiente tarado mucho volumen, y la lectura en grados Schopper será baja, dado que la escala esta invertida. Si por el contrario el desgote es lento (deracha) sucederá lo contrario.

La temperatura de la suspensión tiene influencia sobre la viscosidad y densidad del agua, que modifican su velocidad de caída y la cantidad de fibras empleada tiene también su lógica influencia. Combinando estos dos factores hay diferentes escalas de medida del desgote. La más empleada para pasta químicas y que usaremos en estas prácticas es la escala de Schopper-Riegler.

2.11.2.- Procedimiento

En esta práctica se va a realizar un refino de alta consistencia PFI Mill. Para ello se seguirán las etapas siguientes:

1.- Pesar las cantidades de pasta que se quieran ensayar y desintegrarlas tal y como se realizó la práctica nº 1. Se llevarán a una consistencia del 10%.

2.- Tomar una de las porciones que se desea refinar y vaciarla dentro del recipiente del Molino PFI procurando repartirla de forma uniforme por la periferia. Colocar el molón en su interior y taparlo.

3.- Poner en marcha el motor del recipiente para que la fuerza centrífuga haga que la pasta se pegue a las paredes. Esperar 30 segundos.

4.- Hacer girar el molón y cuando haya estabilizado su velocidad mover la palanca de carga. El tiempo de refino comienza en este instante.

5.- Transcurrido el tiempo marcado, por lo general intervalos de 5 minutos (5´, 10´, 15´...), parar los motores, abrir el recipiente y tomar una muestra de 2 g (20g con el agua, ya que la consistencia es del 10%) para medir el grado de refino adquirido. Vaciar el recipiente lavándolo con el agua necesaria.

6.-Repetir toda la operación por cada muestra que se desee refinar, manteniendo cada una durante uno de los tiempos marcados.

2.11.3.- Medición del grado de refino mediante el método Schopper-Riegler

El equipo de medición del grado de refino Schopper-Riegler (Fig. 22) es en esencia un embudo metálico que, en su parte ancha, boca superior de entrada, tiene una tela filtrante y que en el proceso de desgote o escurrido de la suspensión, recoge el agua que gotea a través de la tela en la parte inferior o estrecha. En esta zona baja hay un orificio pequeño calibrado en el centro y otra salida lateral más grande, de forma que dependiendo de la velocidad a la que escurra el agua, una mayor o menor cantidad saldrá por cada uno de las salidas.

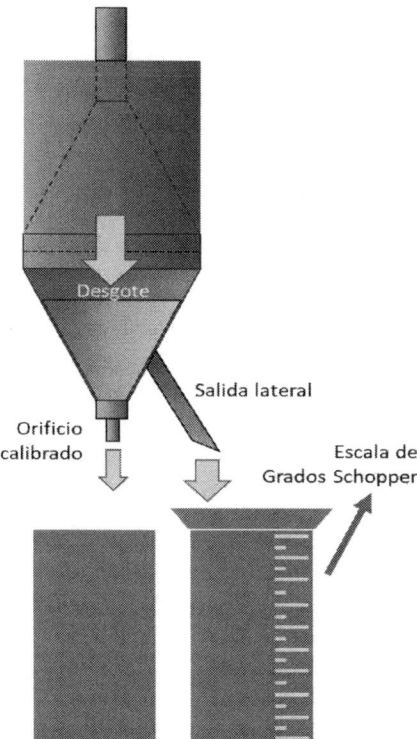

Figura 22.- Equipo de medida del desgote Schopper-Riegler.

Si el desgote es rápido, como el orificio central es estrecho no dará abasto, y una gran cantidad de agua saldrá por el lateral al acumularse en la zona baja del embudo y subir el nivel. Si por el contrario el desgote es lento, el orificio central tendrá tiempo de vaciar el embudo, y menos agua saldrá por el lateral. Si se mide la cantidad de agua que sale por el lateral en un recipiente tarado, a mayor volumen recogido indicará una mayor velocidad de desgote (menos refino y grados Schopper bajos, ya que la escala esta invertida), y viceversa, si el volumen es menor (más refino y grados Schopper altos) será indicativo de una menor velocidad de desgote.

1. Tomar una muestra de aproximadamente 2 g de fibras secas de la pasta cuyo refino se quiere medir.
2. Colocar la muestra en un cilindro graduado y completar con agua exactamente hasta 1 l.
3. En el caso de que el aparato Schopper esté seco hacerlo funcionar con 1 l de agua.
4. Pasar el litro de suspensión a una de las jarras y pasarlo de una a otra jarra al menos 4 veces de modo que se homogeneice totalmente.
5. Verter la suspensión en la parte alta del aparato y abrir inmediatamente la válvula. Cuando finalice el desgote anotar la lectura.
6. Si se desea corregir el error en la medida de la cantidad teórica de fibra (2 g) se realiza separando la parte superior del aparato y con la ayuda de agua limpiando totalmente la tela, las fibras se filtrarán en un Büchner y se meterán en estufa hasta peso constante. Por diferencia entre el peso de la torta y la tara del papel filtro, se obtiene el peso de fibras secas de la muestra y con él y con la lectura anotada se obtiene el grado de refino en el ábaco de corrección de la Figura 23.

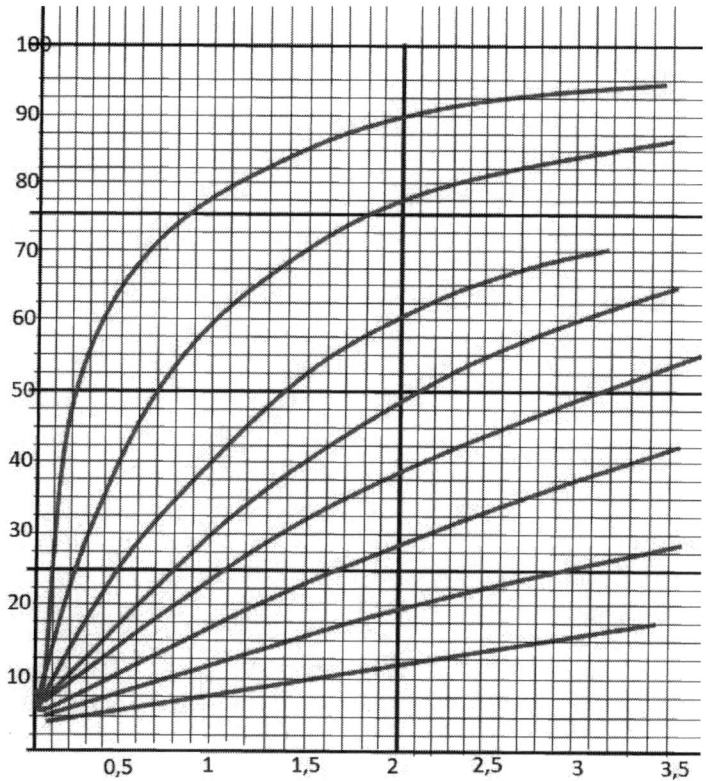

Figura 23.- Abaco de corrección del desgote Schopper-Riegler.

Verificación del aparato Schopper-Riegler

Para comprobar que el aparato Schopper-Riegler va a dar las mediciones del grado de refino con suficiente exactitud se deberán seguir los pasos siguientes:

A.- Comprobación del orificio calibrado

1. Poner el aparato a una temperatura de 20ºC vertiendo varias veces agua a la temperatura conveniente.
2. Levantar la válvula.
3. Cerrar el tubo lateral con un tapón y tapar el orificio central (con un dedo o tapón).
4. Verter 50 cc de agua a 20ºC en el aparato y retirar el dedo del orificio central. El agua sale por este orificio y el tubo lateral queda lleno de agua.
5. Bajar la válvula y colocar bajo el orificio central una probeta de litro.
6. Verter 1 l de agua destilada a 20ºC en el aparato. Se puede sustituir el agua destilada por agua hervida.
7. Levantar la válvula y poner en ese instante un cronómetro en marcha.

El tiempo total de salida del litro de agua por el orificio central debe estar comprendido entre 148 y 150 segundos.

B.- Comprobación de proporciones entre los dos orificios

1. Poner al aparato a 20ºC.
2. Bajar la válvula y verter 1 l de agua a 20ºC.
3. Colocar dos probetas, una bajo cada orificio.
4. Levantar la válvula.
5. Cuando ha salido toda el agua las cantidades recogidas deben ser las siguientes:

   - 960 cc en la probeta situada bajo el tubo lateral.

   - 40 cc en la probeta situada bajo el orificio central.

En el caso de que alguna de las dos comprobaciones sea negativa se debe de limpiar cuidadosamente cada parte del aparato y repetir las comprobaciones.

2.12.- Grado de encolado

El ensayo descrito en la norma internacional UNE-EN ISO 535 permite la determinación de la cantidad de agua que puede ser absorbida por la superficie de papel y cartón en un tiempo dado. La absorción de agua es una función de varias características de papel y cartón tales como tamaño, porosidad, etc.

Definición

Absorción de agua (índice Cobb): Masa calculada de agua absorbida por 1 m^2 de papel o cartón, durante un tiempo y en unas condiciones especificados.

NOTA La superficie de ensayo es, normalmente, de 100 cm^2.

Principio del método

Se pesa una probeta, inmediatamente antes e inmediatamente después de la exposición de una de sus caras al agua durante el tiempo especificado, después de eliminar el agua superficial con un papel secante. El resultado del aumento de masa se expresa en gramos por metro cuadrado (g/m^2).

Reactivos, material y aparatos

- Agua, destilada o desionizada
- Papel secante, de un gramaje de 250 g/m^2 25 g/m^2.
- Rodillo metálico, pulido, de 200 mm de anchura, un diámetro de 90 mm 10 mm y una masa de 10 kg ± 0,5 kg.
- Balanza, con una exactitud de 1 mg.
- Cronómetro, que permita la lectura en segundos.
- Probeta cilíndrica
- Aparato Cobb (colagímetro) (Fig. 24): Aparato de ensayo para determinar la capacidad de absorción de agua. Este aparato permite:

   -la puesta en contacto inmediata y uniforme del agua con la parte de la probeta sometida a ensayo;

   - la separación rápida y controlada del agua no absorbida y de la probeta al finalizar el periodo de puesta en contacto; y

- la retirada rápida de la probeta sin riesgo de contacto entre el agua y la zona de la probeta que está fuera de la superficie de ensayo.

El aparato de ensayo se compone de una placa rígida de superficie lisa y plana y de un cilindro metálico y rígido de diámetro interior igual a 112,8 mm ± 0,2 mm (con una superficie de ensayo de, 100 cm^2, y provisto de un dispositivo que permite fijarlo firmemente a la placa. El borde del cilindro que ha de estar en contacto con la probeta debe ser plano y pulido por mecanizado, con un espesor suficiente para que no dañe la superficie de la probeta. La altura del cilindro importa poco, siempre que permita una altura de agua de 10 mm.

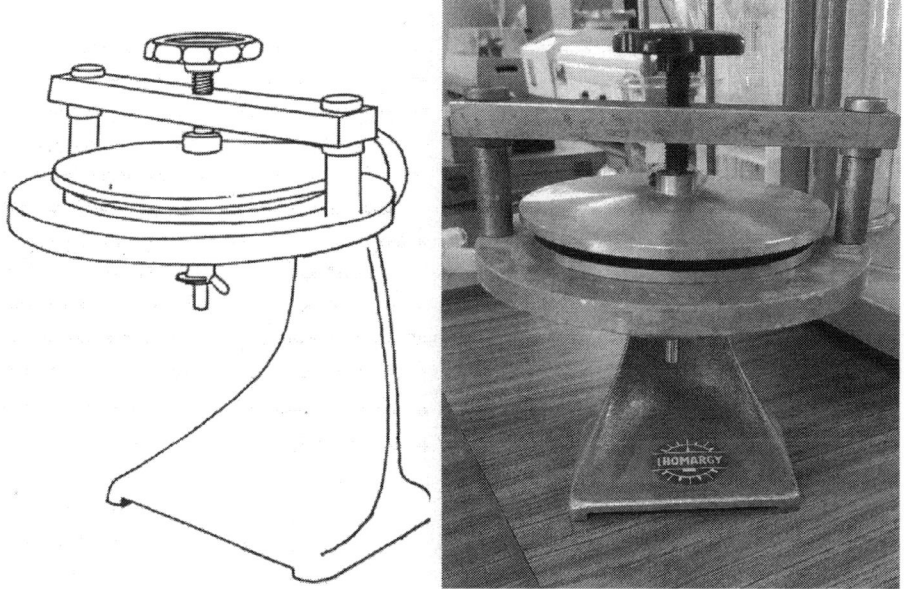

Figura 24.- Aparato Cobb de medición de grado de encolado.

Preparación de las probetas

Procurando evitar todo contacto de las manos o los dedos con la superficie de ensayo, se cortan de las hojas de muestra un mínimo de 10 probetas de tamaño suficiente para exceder el diámetro del cilindro en, al menos, 10 mm de cada borde, verificando que la superficie de ensayo no presente pliegues visibles, arrugas, orificios u otros defectos.

NOTA En aparatos normales es apropiada una anchura de 125 mm, aproximadamente.

Procedimiento operatorio

Colocación de la probeta

Antes de iniciar cada ensayo, hay que asegurarse que la cara superior de la placa y el borde del cilindro que estará en contacto con la probeta estén secos.

Se pesa la probeta con una aproximación de 1 mg y se sitúa sobre la placa, con la cara a ensayar hacia arriba. Se coloca encima el cilindro, con el borde pulido en contacto con la probeta y se fija firmemente para evitar cualquier pérdida de agua entre el cilindro y la probeta.

Exposición al agua y secado

La duración del ensayo viene definida como el tiempo transcurrido entre el momento en que se produce el contacto de la probeta con el agua y el comienzo del secado.

Se vierten en el cilindro 100 ml ± 5 ml de agua. En cada ensayo se renueva el agua.

El procedimiento operatorio debería acomodarse a las condiciones resumidas en la tabla 5, eligiendo la duración de dicho ensayo en función de la capacidad de absorción de agua del papel o cartón considerado. Si, por ejemplo, la duración de ensayo elegida es de 60 s, se vacía el agua excedente que queda en el cilindro al cabo de 45 s (véase la tabla 5), evitando cualquier contacto del agua con la zona de la probeta que está fuera de la superficie de ensayo. Se separa rápidamente el cilindro y se retira. Se retira la probeta y se coloca, con la cara ensayada hacia arriba, sobre una hoja de papel secante previamente colocada sobre una superficie rígida y plana. Al cabo de 60 s, a partir del comienzo del ensayo, se coloca una segunda hoja de papel secante sobre la probeta y se elimina el exceso de agua, pasando dos veces el rodillo por encima (una hacia adelante y otra hacia atrás) sin ejercer presión alguna sobre el mismo.

Inmediatamente después del secado, se dobla la probeta en dos, con la zona húmeda hacia dentro, y se efectúa una nueva pesada, para determinar, antes de que se produzca cualquier pérdida por evaporación, el aumento de masa debido a la absorción de agua.

Se repiten los procesos descritos con todas las probetas, con el fin de efectuar cinco ensayos, por lo menos, sobre cada una de las caras del papel o cartón que necesita ensayarse

Duración del ensayo

La tabla 5 especifica las duraciones de ensayo junto con los tiempos a los que debe efectuarse la retirada del agua en exceso y el secado con papel secante.

La duración del ensayo puede prolongarse según la capacidad de absorción de agua y la especial naturaleza del papel o cartón considerados, así como por acuerdo de las partes interesadas. En todos los casos, excepto el Cobb, la diferencia de tiempo entre la eliminación del agua en exceso y el secado con papel secante debe ser de 15 s ± 2 s.

Duración de ensayo recomendada (s)	Símbolo	Momento en que se expulsa el exceso de agua (s)	Momento en que se inicia el secado (s)
30	$Cobb_{30}$	20 ± 1	30 ± 1
60	$Cobb_{60}$	45 ± 1	60 ± 1
120	$Cobb_{120}$	105 ± 1	120 ± 1
300	$Cobb_{300}$	285 ± 1	300 ± 2
1800	$Cobb_{1800}$	1755 a 1815	15 ± 2 después de eliminar el exceso de agua
NOTA Los tiempos indicados en las columnas tres y cuatro se calculan a partir del momento de la puesta en contacto de la probeta con el agua			

Tabla 5.- Duración del ensayo Cobb

Rechazo de probetas

Se rechazan las probetas:

a) que han sido traspasadas por el agua; o

b) en las que se han observado señales de fuga alrededor de la zona de apoyo del cilindro, o

c) que contienen agua en exceso después del secado (superficie brillante).

Si el porcentaje de rechazo debido a lo indicado en el punto a) excede del 20%, se reduce la duración del ensayo hasta obtener resultados satisfactorios. Si la reducción del tiempo de ensayo tampoco es satisfactoria, se considera que este método no es adecuado.

Expresión de los resultados

Para cada probeta se calcula la absorción de agua, A, expresada en gramos por metro cuadrado (g/m^2), con una cifra decimal, de acuerdo con la ecuación:

$A=(m_2-m_1)*F$

$A= (m_2-m_1) (g)*10000(cm^2)/[100(cm^2)*1(m^2)]$

$A=(m_2-m_1)*F= (m_2-m_1)*100 (g/m^2)$

Donde:

- m_1 es la masa seca de la probeta, en gramos;
- m_2 es la masa húmeda de la probeta, en gramos;
- F es 10 000/superficie de ensayo (es decir, 100 cm^2 para el aparato normal)

Se calcula, para cada cara ensayada, la absorción media de agua, aproximando al 0,5 g/m^2 más cercano, así como la desviación típica.

Se emplea una notación normalizada, por ejemplo:

$Cobb_{60}$ (valor en gramos por metro cuadrado) a t°C en función de la duración del ensayo, en segundos.

Si las caras no son identificables, se da la media y desviación típica de los resultados agrupados.

Se calcularán los índices C_{30}, C_{60}, C_{120} con 10 probetas cada una. Estos ensayos se realizarán para cada una de las caras del papel. Tras obtener para cada ensayo los valores medios, las desviaciones típicas y los coeficientes de variación, se construirá la curva de absorciones en función de tiempos, ajustando una curva para cada una de las caras.

Estadillo de toma de datos de absorción de agua

Nº	Cara								
	C_{30}			C_{60}			C_{120}		
	P0	P	C	P0	P	C	P0	P	C
1									
2									
3									
4									
5									
6									
7									
8									
9									
10									
Media									
Desviación típica									
CV									

2.13.- Ascensión capilar

El ensayo descrito en la norma internacional UNE-ISO 8787 especifica el procedimiento para determinar la ascensión capilar del papel y cartón por el método Klemm. Está destinada para papeles sin encolar como los papeles secantes y otros papeles que tiene una capacidad de absorción de agua relativamente alta.

El método no se recomienda para los materiales que tienen una ascensión capilar menor de 5 mm, para lo que otros ensayos como la Norma ISO 535 Determinación de la absorción de agua Método Cobb, pueden ser más adecuados.

El principio del ensayo consiste en que una tira del material a ensayar se suspende verticalmente con su extremo inferior sumergido en agua y se mide el ascenso capilar producido en 10 min. El ensayo se lleva a cabo en un recipiente abierto en una atmósfera acondicionada normalizada y la medición del ascenso capilar se realiza mediante un catetómetro o una escala.

Materiales y equipos de ensayo

- Agua destilada, agua desionizada o agua potable.
- Bandeja para contener el agua
- Dispositivo que permite que las probetas estén suspendidas verticalmente y que puedan bajarse para que se sumerjan en el agua hasta una profundidad de 10 mm a 15 mm.
- Dispositivo para determinar el ascenso capilar en relación a un punto de referencia en la superficie del agua. Puede ser un catetómetro o escalas adjuntas al aparato o separadas de él.
- Cronómetro.

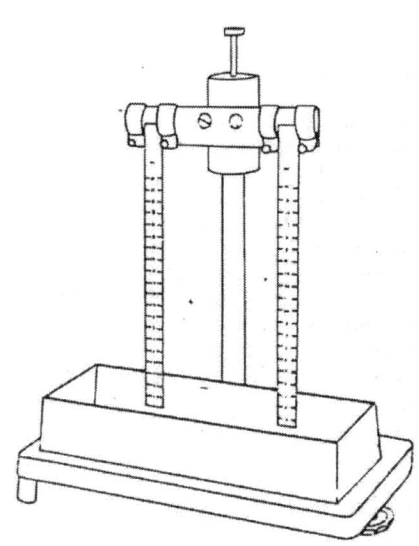 

Fig. 25.- Equipo Lhomargy capilarímetro

<u>Toma de muestras y preparación de las probetas</u>

Las muestras de papel a ensayar hay que dejarlas en atmosfera acondicionada, durante 24 horas, cortándose después 10 probetas, de 15 mm de ancho por 200 mm de longitud, en sentido marcha y otras 10 en sentido transversal.

En cada probeta se traza con un lápiz una línea perpendicular a la dimensión larga, a una distancia de 15 mm de un extremo.

<u>Procedimiento</u>

El equipo Lhomargy consiste en una pequeña cuba de agua en la que se introducen los bordes de las probetas de papel a ensayar. La precisión de dichas escalas es de 1 mm. El aparato tiene un tornillo mediante el cual se introducen las probetas las cubas.

1. Llenar la cubeta de agua a 23± 1°C.

2. Marcar en cada probeta un trazo de 10 mm en uno de los extremos y fijarla en el otro extremo.

3. Bajar la probeta hasta que el trazo marcado coincida con el nivel de agua de la bandeja y empezar a contar el tiempo.

4. Al cabo de 10 minutos leer la ascensión capilar de la escala.

<u>Expresión de los resultados</u>

Se calcula el valor medio de los 10 resultados para cada dirección al milímetro más próximo.

Estadillo de ensayo de ascensión capilar

SM	Nº	Tiempo (min)									
		1	2	3	4	5	6	7	8	9	10
	1										
	2										
	3										
	4										
	5										
	6										
	7										
	8										
	9										
	10										
Media											
Desv. típica											
CV											
ST	1										
	2										
	3										
	4										
	5										
	6										
	7										
	8										
	9										
	10										
Media											
Desv. típica											
CV											
Media SM/ST											

2.14.- Cenizas

La norma UNE 57050 describe un procedimiento para la determinación del residuo de ignición de pastas, papeles y cartones. La norma es aplicable a todos los tipos de pasta, papel y cartón. Esta medida es una indicación del porcentaje de sales minerales, cargas, pigmentos y otras sustancias inorgánicas que se hayan presentes en el papel o cartón. A veces el peso de dichas sustancias no se corresponde con el total, porque algunas de ellas se pueden alterar durante la calcinación.

Normas para consulta

UNE-EN 20287-Papel y cartón. Determinación del contenido de humedad. Método de secado en estufa.

Para los fines de esta norma, se utiliza la siguiente definición:

Residuo de ignición: Masa de residuo que permanece tras la incineración de una muestra de pasta, papel o cartón en un horno a la temperatura de ensayo, mediante el procedimiento especificado en esta norma. Anteriormente el residuo de ignición se denominaba "contenido de cenizas".

Principio del método

La muestra se pesa en un crisol resistente al calor y se incinera a la temperatura de ensayo en un horno de mufla. La masa del residuo se determina pesando el crisol tras la incineración de la muestra.

Aparatos

- Crisoles de platino, cerámica o sílice, de suficiente capacidad como para contener unos 10 g de muestra
- Horno de mufla, capaz de mantener la temperatura de ensayo (900ºC) con una tolerancia de ± 3%.
- Balanza analítica, con una exactitud de 0,1 mg.
- Hornillo tubular.

Procedimiento operatorio

Se efectúa el procedimiento por duplicado. Se anotan todas las pesadas con una exactitud de 0,1 mg. Se deja que las muestras húmedas se sequen al aire del laboratorio y en condiciones de ausencia de polvo.

Se determina el contenido en humedad de una muestra separada (seca al aire) por el procedimiento descrito en la Norma UNE-EN 20287. Se pesa esta muestra al mismo tiempo que la muestra (seca al aire) utilizada para la incineración.

Las porciones a incinerar deben estar formadas por una serie de pequeños trozos, de un tamaño inferior a 1 cm², con una masa total no inferior a 1 g o una masa suficiente para dar un residuo de ignición no inferior a 10 mg, tomadas de distintas partes de la muestra, de tal manera que sean completamente representativas de la misma.

En el caso de que la muestra tenga un residuo de ignición muy bajo se toma una porción de la muestra de una masa suficiente que dé lugar, al menos, a 2 mg de residuo.

Se calienta el crisol vacío durante un periodo de 30 min a 60 min en el horno de mufla a la temperatura de ensayo. Se deja que se enfríe, dentro de un desecador, a temperatura ambiente.

Se pesa el crisol vacío. Se añade la cantidad adecuada de muestra y se vuelve a pesar inmediatamente. Se calienta lentamente el crisol, preferiblemente de forma que la muestra arda sin llama.

A continuación, se aumenta gradualmente la temperatura hasta llegar a la temperatura de ensayo (900ºC) y se mantiene durante 1 h.

Se saca el crisol del horno y se deja que alcance la temperatura ambiente dentro de un desecador. Se pesa el crisol como anteriormente.

Expresión de los resultados

Se calcula para cada crisol el residuo de ignición utilizando la siguiente formula:

$X = 100a/m$

Donde:

- X es el residuo de ignición, como un porcentaje en base seca en horno;
- a es la masa del residuo (la masa del crisol con el residuo menos la del crisol vacío), en gramos;
- m es la masa de la muestra, en base seca en horno, en gramos.

Se comprueba que existe una concordancia razonable entre los dos duplicados y se expresa la media como porcentaje Se redondea el resultado con una aproximación del 0,1%

Estadillo para la determinación del contenido de cenizas del papel

Nº muestra	Peso de la muestra (mg)	Peso seco absoluto (mg)	Contenido en cenizas (%)
1			
2			
3			
4			
Media			
Desviación típica			
Cv			

2.15.- Informe final

Instrucciones generales para los informes de prácticas de Procesos de fabricación de la celulosa y el papel y Tecnología de las industrias de la celulosa y el papel:

El informe final de prácticas tendrá el esquema general de un informe tipo estándar, es decir: Antecedentes, objetivo, referencias bibliográficas o normativa, Métodos y material, Resultados y Conclusiones.

Para la realización del informe final se compartirán todos los resultados de las prácticas en una tabla común, de forma que el número de elementos ensayados resulte significativo.

Se ha de perseguir la resolución de uno o varios objetivos en función de la práctica realizada, por ejemplo, comparar en un papel comercial los resultados en las direcciones de fibra y contra-fibra…

Se ha de poner cuidado en la redacción y la presentación del trabajo. Este ha de ser conciso, pero contener la información relevante que responda los objetivos que se persiguen. Especial atención se ha de poner también en los cálculos, las unidades, etc.

Los resultados se pueden presentar en formato de tabla resumen, con los estadísticos fundamentales, gráficos o ambos, siempre cuidando la presentación. Se han de comentar y discutir los resultados obtenidos.

Las conclusiones harán referencia a los resultados más relevantes.

Por último, el informe ha de contener la información que las normas de consulta consideran como necesaria y que aparece generalmente en la parte final de las mismas.

3

PRÁCTICAS DE LABORATORIO GIF

3.1.- Control de calidad del papel comercial. (Sesión 1)

En esta primera sesión de laboratorio, de dos horas de duración, estableceremos el primer contacto con los conceptos de control de calidad de pastas y papeles y nos familiarizaremos con los equipos y procedimientos de laboratorio más habituales en esta industria.

Vamos a realizar ensayos en diferentes tipos de papel comercial, para ello partiremos de las muestras de papel de escritura en tamaño A4, papel reciclado de escritura del mismo tamaño, papel prensa de periódico en tamaños superiores (dependerá del periódico utilizado en cada caso), papel de embalaje y otros tipos. Se seleccionarán muestras de dos tipos de estos papeles, por ejemplo, escritura y prensa, y se realizarán los ensayos de Gramaje y espesor (Cap. 2.3), resistencia a la tracción (Cap. 2.4), resistencia al desgarro (Cap. 2.6) y resistencia al plegado (Cap. 2.7).

Para la ejecución de dichos ensayos necesitaremos preparar las probetas. La medida del espesor y del gramaje se realizan sobre la hoja completa en el caso de tratarse de una hoja A4 o similar, o en probetas de al menos 210x210 mm. El espesor lo mediremos en los 4 vértices a una distancia de los bordes de unos 50 mm. Las probetas necesarias para el resto de los ensayos son de 15 x 200 mm para tracción, 15 x 105 mm para plegado y de 50 x 60 mm para desgarro. En los ensayos mecánicos el número de probetas a ensayar por persona será al menos 1 por cada sentido de la fibra, es decir, una en sentido marcha y otra en sentido transversal. La única excepción es el ensayo de desgarro, ya que en este necesitaremos juntar 4 piezas de papel de 50 x 60 mm para formar una única probeta, ya que la resistencia de un solo papel es muy baja para la escala del aparato. Por tanto, necesitaremos 4 piezas en sentido marcha y otras 4 en sentido transversal.

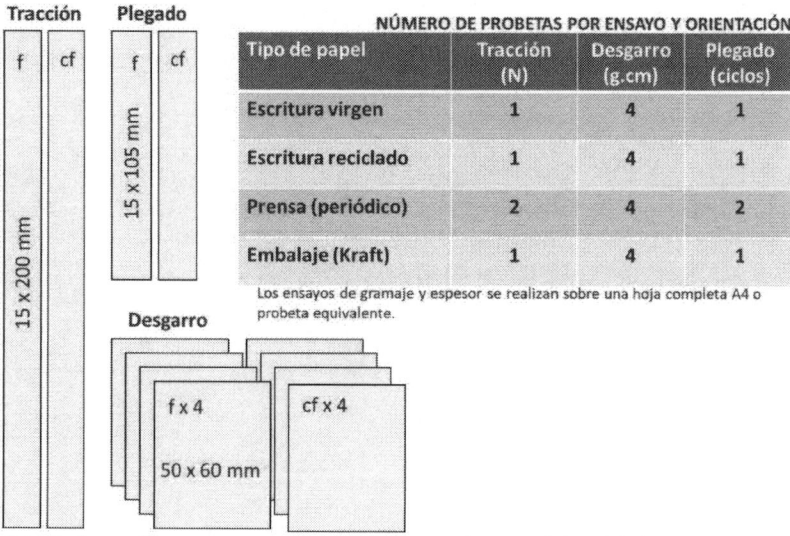

NÚMERO DE PROBETAS POR ENSAYO Y ORIENTACIÓN			
Tipo de papel	Tracción (N)	Desgarro (g.cm)	Plegado (ciclos)
Escritura virgen	1	4	1
Escritura reciclado	1	4	1
Prensa (periódico)	2	4	2
Embalaje (Kraft)	1	4	1

Los ensayos de gramaje y espesor se realizan sobre una hoja completa A4 o probeta equivalente.

Figura 26.- Probetas de papel comercial para los ensayos de control de calidad.

Si se ensayan papeles de muy bajo perfil, puede ser necesario juntar dos o más probetas en los ensayos mecánicos de tracción y plegado, esto es habitual por ejemplo en papeles prensa de bajo gramaje (40-50 g/m^2), en este caso utilizaremos dos probetas juntas y luego habremos de dividir el resultado del ensayo entre dos, para referirlo a una hoja.

En la figura 26 se recoge a modo de resumen las características y número de probetas a ensayar por persona. Para la preparación de las probetas hay plantillas, reglas, tijeras y guillotinas especiales con los tamaños de corte adecuados.

Los resultados obtenidos en los ensayos se compartirán en una tabla común para que en el informe el número de datos sea representativo de cada tipo de papel ensayado.

Estadillo de resultados:

Gramaje y espesor

PAPEL	ESPESOR (mm)				Media (mm)	MASA (g)	SUPERFICIE (mm^2)	GRAMAJE (g/m^2)

Propiedades mecánicas

PAPEL	TRACCIÓN SM (N)	TRACCIÓN ST (N)	PLEGADO SM (ciclos)	PLEGADO ST (ciclos)	DESGARRO SM (g.cm)	DESGARRO ST (g.cm)

3.2.- Fabricación en laboratorio de papel de fibras larga y corta.
Ensayos de control. (Sesiones 2 y 3)

En esta segunda sesión de laboratorio vamos a fabricar papel de fibra larga y de fibra corta. La idea es familiarizarse con el proceso de fabricación y comparar las propiedades del papel obtenido con pastas de distintas características, para ver cómo estas influyen en los resultados obtenidos. La duración total de la práctica es de 4 horas divididas en dos sesiones de dos horas. En la primera sesión prepararemos las hojas de papel y en la segunda realizaremos los ensayos sobre las mismas. Como las hojas fabricadas son más reducidas en superficie, los ensayos en este caso no incluirán el desgarro.

Como el proceso de fabricación de las hojas en laboratorio es discontinuo, no habrá direcciones de la fibra predominantes, por lo tanto, no habremos de diferenciar en los ensayos entre fibra y contra-fibra, como sucedía en el papel comercial.

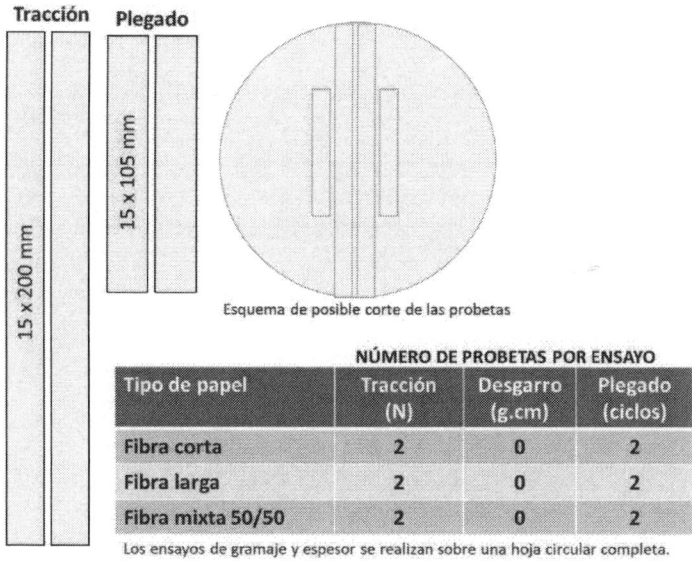

Esquema de posible corte de las probetas

	NÚMERO DE PROBETAS POR ENSAYO		
Tipo de papel	Tracción (N)	Desgarro (g.cm)	Plegado (ciclos)
Fibra corta	2	0	2
Fibra larga	2	0	2
Fibra mixta 50/50	2	0	2

Los ensayos de gramaje y espesor se realizan sobre una hoja circular completa.

Figura 27.- Probetas de papel de laboratorio para los ensayos de control de calidad.

El proceso de preparación del papel está recogido en los procedimientos de los capítulos 2.1 y 2.2, y los ensayos de Gramaje y espesor, resistencia a la tracción y resistencia al plegado en los capítulos 2.3, 2.4 y 2.7 respectivamente. En este caso el número de probetas será igual y el proceso de corte muy similar a la práctica anterior, se recoge un esquema resumen en la figura 27.

Estadillo de resultados:

Gramaje y espesor

PAPEL	ESPESOR (mm)					Media (mm)	MASA (g)	SUPERFICIE (mm^2)	GRAMAJE (g/m^2)

Propiedades mecánicas

PAPEL	TRACCIÓN 1 (N)	TRACCIÓN 2 (N)	TR. Media	PLEGADO 1 (ciclos)	PLEGADO 2 (ciclos)	Pl. Media

3.3.- Fabricación en laboratorio de papel de fibra larga refinada. Ensayos de control. Influencia del refino. (Sesiones 4 y 5)

En esta tercera y última sesión de prácticas vamos a volver a fabricar papel de fibra larga o corta, pero esta vez vamos a realizar un tratamiento previo a las fibras con el que pretendemos mejorar las prestaciones del papel obtenido, este tratamiento es el "refino" (ojo, no confundir con el refino referido a la obtención de pasta mecánica mediante molinos). La sesión se divide en dos prácticas de 2 horas de duración cada una, en la primera realizaremos el tratamiento de refino y fabricaremos el papel y en la segunda realizaremos los correspondientes ensayos de control de calidad.

El refino es un proceso mecánico que mejora las características de las fibras con respecto a su proceso de unión en el momento de fabricar el papel. Quedó descrito en detalle en el apartado 2-10 dedicado al refino de pastas y el desgote.

En esta práctica vamos a trabajar con pasta de fibra larga o corta, una de las dos, y en primer lugar dividiremos el total de pasta (normalmente 600 g a una consistencia del 10%, es decir 60 g de pasta seca en 1 litro de suspensión para una práctica con hasta 8 estudiantes) en tres lotes, uno de 20 g (2 g de pasta seca) para medir los grados Schopper de la pasta sin tratar, y dos de 290 g cada uno, para realizar el tratamiento de refino. En el lote 1 de 290 g haremos un refino en el molino PFI de 5 minutos, tras el refino recuperamos la pasta y separamos 20 g para medir el desgote, con el lote 2 realizaremos la misma operación, pero con 10 minutos de refino. Al final del proceso podremos comparar el grado de desgote de la pasta sin tratar y de los tratamientos de refino de 5 y 10 minutos. Con la pasta restante, 270 g de cada lote de refino, fabricaremos el papel.

Al igual que en la sesión anterior, no habrá direcciones de la fibra predominantes, por lo tanto no habremos de diferenciar en los ensayos entre fibra y contra-fibra, como sucedía en el papel comercial.

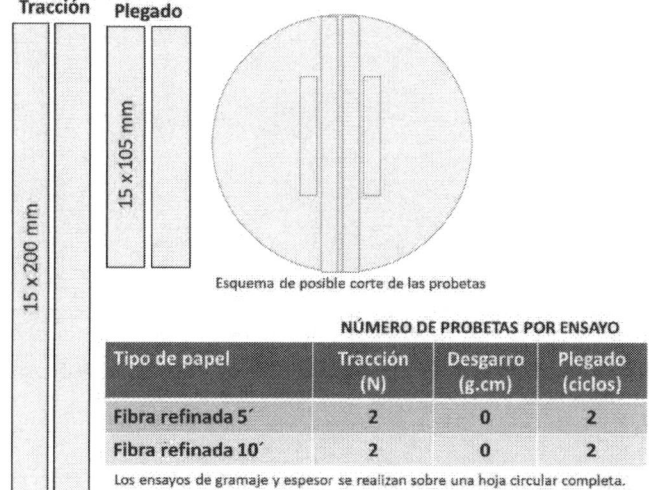

Esquema de posible corte de las probetas

NÚMERO DE PROBETAS POR ENSAYO

Tipo de papel	Tracción (N)	Desgarro (g.cm)	Plegado (ciclos)
Fibra refinada 5´	2	0	2
Fibra refinada 10´	2	0	2

Los ensayos de gramaje y espesor se realizan sobre una hoja circular completa.

Figura 28.- Probetas de papel de laboratorio refinado para los ensayos de control de calidad.

El proceso de preparación del papel está recogido en los procedimientos de los capítulos 2.1 y 2.2, y los ensayos de Gramaje y espesor, resistencia a la tracción y resistencia al plegado en los capítulos 2.3, 2.4 y 2.7 respectivamente. En este caso el número de probetas y el proceso de corte será igual a la práctica anterior, se recoge un esquema resumen en la figura 28.

Estadillo de resultados:

Gramaje y espesor

PAPEL	ESPESOR (mm)			Media (mm)	MASA (g)	SUPERFICIE (mm^2)	GRAMAJE (g/m^2)

Propiedades mecánicas

PAPEL	TRACCIÓN 1 (N)	TRACCIÓN 2 (N)	TR. Media	PLEGADO 1 (ciclos)	PLEGADO 2 (ciclos)	Pl. Media

4

PRÁCTICAS DE LABORATORIO MIM

En el Máster en Ingeniería de Montes, se van a caracterizar papeles desde un punto de vista ya no solo del control de calidad, sino de aptitud de un papel para el fin que se ha fabricado.

A lo largo de este texto se han ido exponiendo los distintos ensayos unitarios y de caracterización mecánica de las pastas de celulosa. Ahora vamos a estudiar por bloques la caracterización de un papel según su uso.

Para ello se ha de elaborar un informe sobre unos papeles tipo:

> Kraft de envolver
> Prensa
> Revista
> Impresión y escritura blanco de fibra virgen
> Impresión y escritura reciclado

Los ensayos para realizar se agrupan en destructivos y no destructivos (Tabla 6), comenzando siempre por los no destructivos.

CARACTERIZACION DE LOS PAPELES	
ENSAYOS NO DESTRUCTIVOS	**ENSAYOS DESTRUCTIVOS**
Gramaje, espesor y mano Lisura, dureza y porosidad Blancura, opacidad y color	A) Mecánicos Tracción Reventamiento Desgarro Plegado Rigidez B) Físicos Ascensión capilar Encolado Cenizas Estructura y composición fibrosa

Tabla 6.- Caracterización de los papeles según método de ensayo.

La metodología por seguir es genérica para todos ellos:

1º. Acondicionamiento de los papeles a ensayar al menos con 24 h de antelación

2º. Comprobación de la humedad de los papeles antes de los ensayos

3º. De cada tipo de papel tomar 10 muestras al menos de 29 x 21 cm (un Din-A4 aproximadamente)

4º. Numerar todas las probetas por la misma cara, siendo esa la cara A, de manera que siempre identifiquemos las caras para los ensayos que así lo requieran.

5º. Determinar en una muestra aparte de estas probetas y para cada papel, el sentido marcha y el sentido transversal. Marcar en todas las probetas en la cara A el sentido que corresponda (SM/ST) con una flecha.

6º. Colocar las probetas de cada uno de los tipos de papeles en carpetas diferentes, bien identificadas.

7º. En el informe final de caracterización se incluirán todas las tablas, una discusión sobre los resultados de cada papel y su utilidad, grapada una muestra de cada papel con su informe y una discusión de la comparativa de todos ellos.

8º. Con las mediciones realizadas en las 10 probetas de cada papel, se calculará la media, la desviación típica y el coeficiente de variación

4.1.- ENSAYOS NO DESTRUCTIVOS

ENSAYOS NO DESTRUCTUCTIVOS/PAPEL TIPO:		
CARACTERIZACION		
Humedad		
Gramaje		
Espesor		
Mano		
	CARA A	**CARA B**
Lisura		
Dureza		
Porosidad		
Blancura		
Opacidad		
Color		
Obsevaciones		

4.2.- ENSAYOS DESTRUCTIVOS MECANICOS

ENSAYOS DESTRUCTUCTIVOS/PAPEL TIPO:		
CARACTERIZACION		
Humedad		
Gramaje		
Espesor		
Mano		
	SM	**ST**
Carga de rotura		
Alargamiento		
Desgarro		
Plegado		
Rigidez		
	CARA A	**CARA B**
Reventamiento		
Observaciones		

4.3.- ENSAYOS DESTRUCTIVOS FISICOS

ENSAYOS DESTRUCTUCTIVOS/PAPEL TIPO:		

CARACTERIZACION		
Humedad		
Gramaje		
Espesor		
Mano		
	SM	**ST**
Ascensión capilar		
	CARA A	**CARA B**
Encolado		
	EN MASA	
Grado de refino		
Composición fibrosa	% Fibra larga / Especie:	
	% Fibra corta / Especie:	
	% Fibra reciclada / Especie:	
	% otras / Tipo:	
Cenizas		
Obsevaciones		

4.4.- ELABORACION Y PRESENTACION DE INFORMES

Una vez realizados los informes y caracterizados los papeles en las fichas anteriores el informe final contendrá la siguiente documentación:

1. Memoria de resultados, donde se discutirá la aptitud del papel para la utilidad deseada
2. Cada uno de los informes anteriores
3. Un anexo con las tablas de los ensayos realizados
4. Una muestra del papel ensayado
5. Todo ello deberá ir con fechas y firmado

ENSAYOS NO DESTRUCTUCTIVOS/PAPEL TIPO:

USO PREVISTO:

PARAMETRO	VALOR MEDIO	TOLERANCIAS		ASPECTOS DESTACADOS
		SI	NO	
Gramaje				
Espesor				
Mano				
Lisura				
Dureza				
Opacidad				
Color				
Carga rotura				
Alargamiento				
Desgarro				
Reventamiento				
Plegado				
Rigidez				
Capilaridad				
Encolado				
Cenizas				
Composición				
Obsevaciones				

CARACTERIZACION

5
BIBLIOGRAFÍA

- AENOR 1978 UNE 57054 Determinación de la resistencia al plegado. Papel
- AENOR 1994 NORMA UNE EN 20187 Atmósfera normal de acondicionamiento y ensayo y procedimiento para controlar la atmósfera y el acondicionamiento de muestras (ISO 187:1990). Papel, cartón y pastas
- AENOR 2001 UNE-EN ISO 5267-1 Determinación del desgote. Parte 1: Método Schopper-Riegler (ISO 5267-1: 1999). Pastas
- AENOR 2003 NORMA UNE 57050 Determinación del residuo de ignición. Papel, cartón y pastas.
- AENOR 2003. NORMA UNE 57060 Medición del factor de reflectancia difusa. Pastas, papel y cartón
- AENOR 2005 UNE-EN ISO 5269-1 Preparación de hojas de laboratorio para ensayos físicos. Parte 1: Método del formador de hojas convencional (ISO 5269-1: 2005). Pastas
- AENOR 2009 NORMA UNE-EN ISO 1924-2 Determinación de las propiedades de tracción. Parte 2: Método con gradiente de alargamiento constante (20 mm/min) (ISO 1924-2: 2008). Papel y cartón
- AENOR 2011 UNE-EN ISO 5264-2 Refino de laboratorio. Parte 2: Método del molino PFI (ISO 5264-2: 2011). Pastas
- AENOR 2012 NORMA UNE-EN ISO 534 Determinación del espesor, densidad y volumen específico (ISO 534: 2011). Papel y cartón.
- AENOR 2012 NORMA UNE-ISO 8787 Determinación de la ascensión capilar. Método Klemm. Papel y cartón.
- AENOR 2012. NORMA UNE-ISO 2470-1 Medición del factor de reflectancia difusa en el azul. Parte 1: Condiciones de iluminación interior (blancura ISO). Papel, cartón y pastas
- AENOR 2013 UNE-EN ISO 1974 Determinación de la resistencia al desgarro. Método Elmendorf (ISO 1974: 2012). Papel
- AENOR 2014 NORMA UNE-EN ISO 2758 Determinación de la resistencia al estallido. Papel
- AENOR 2014 NORMA UNE-EN ISO 535 Determinación de la absorción del agua. Método de Cobb. Papel y cartón.
- AENOR 2015 NORMA UNE 57009 Tolerancias de gramaje. Papel y cartón
- AENOR 2015. NORMA UNE-ISO 2471 Determinación de la opacidad (fondo papel). Método de reflectancia difusa. Papel y cartón
- AENOR 2015. NORMA UNE-ISO 5636-3 Determinación de la permeancia al aire (rango medio). Parte 3: Método Bendtsen. Papel y Cartón
- AENOR 2021 NORMA UNE 57043 Determinación de las direcciones máquina y transversal. Papel y cartón
- AENOR 2021 NORMA UNE-EN ISO 536 Determinación del gramaje (ISO 536:2019). Papel y cartón
- AENOR 2021 NORMA UNE-ISO 5629 Determinación de la resistencia a la flexión. Método de resonancia. Papel y cartón.
- AENOR 2021. NORMA UNE-ISO 8791-1 Determinación de la rugosidad/lisura (métodos de fuga de aire). Parte 1: Método general. Papel y Cartón
- AENOR 2021. NORMA UNE-ISO 8791-2 Determinación de la rugosidad/lisura (métodos de fuga de aire). Parte 2: Método Bendtsen. Papel y Cartón
- AFCO 2022 CARTONPEDIA

- CIE 1986 Technical committee TC-1-3., Colorimetry, Second Edition, Publication CIE N 15.2, Vienna
- López Álvarez JV, Aguilar Larrucea M, Torrejón Gómez R, Arraiza Bermúdez-Cañete P, Arranz Sualdea JC 2011 Manual de interpretación de las características de pastas de celulosa y del papel. Fundación Conde del Valle de Salazar. ETSI Montes, Universidad Politécnica de Madrid.
- Sierra Granados L, Delgado Falcón DA, López Álvarez JV 1998 Prácticas de celulosa. Fundación Conde del Valle de Salazar. ETSI Montes, Universidad Politécnica de Madrid.